GOUVERNEMENT GÉNÉRAL DE L'ALGÉRIE

---

N° 23.

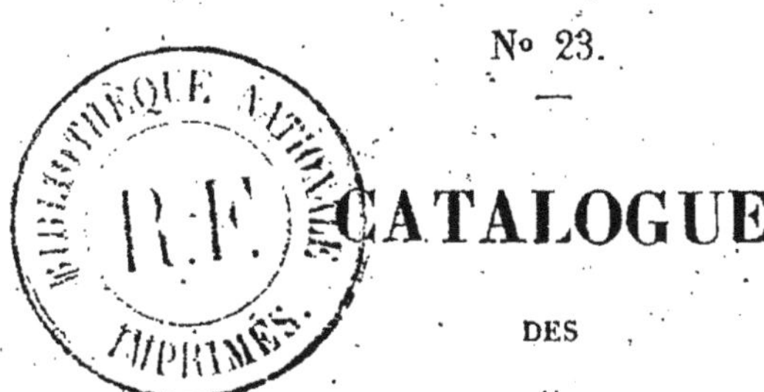


# CATALOGUE

DES

# VÉGÉTAUX ET GRAINES

DISPONIBLES ET MIS EN VENTE

AU JARDIN D'ACCLIMATATION

**AU HAMMA (Près Alger)**

PENDANT L'AUTOMNE 1865 ET LE PRINTEMPS 1866

ALGER
BASTIDE, LIBRAIRE-ÉDITEUR

CONSTANTINE
ALESSI ET ARNOLET, LIBRAIRES
Rue du Palais.

PARIS
CHALLAMEL AÎNÉ, LIBRAIRE
30, Rue des Boulangers.

1865

# TARIF

## DES EMBALLAGES ET FOURNITURES DE POTS,

### ÉTABLI D'APRÈS LES PRIX DE REVIENT.

---

Le prix de remboursement de l'emballage des arbres et des pots fournis avec les plantes est fixé ainsi qu'il suit :

| | | |
|---|---|---|
| 1° | Emballage d'un ballot d'arbres du poids de 60 à 100 k. | 3 00 |
| 2° | — — du poids de 20 à 60 k.. | 2 00 |
| 3° | — — au-dessous de 20 k.... | 1 00 |
| 4° | — De la motte d'un arbre extrait de pleine terre, du poids de 40 à 50 k. environ, pour Orangers, Caroubiers, Citronniers, Lauriers, Ficus, et autres arbres à feuillage persistant........................ | 0 75 |
| 5° | — De la tige et des branches d'un arbre levé en motte, de la catégorie ci-dessus, et fourniture d'une toile pour envelopper les branches et les feuilles............. | 0 75 |
| 6° | — D'une motte au-dessous de 15 k., pour Cyprès, Pins, Thuyas, Bambous........ | 0 20 |
| 7° | — Dans un panier, recouvert d'une toile, d'un régime de bananes de moyenne grosseur. | 2 00 |
| 8° | — D'un gros régime de bananes............ | 2 50 |
| 9° | Fournitures de *pots-godets* de toute dimension, la pièce.......................... | 0 10 |
| 10° | — De pots de 15 à 25 centimètres de diamètre, la pièce...................... | 0 25 |

S'il y a lieu d'employer des caisses, le prix de remboursement en sera calculé d'après le prix de revient.

---

# AVIS ESSENTIEL.

## MODE DES LIVRAISONS.

### DES LIVRAISONS A BUREAU OUVERT.

Les livraisons des végétaux sont ouvertes au Jardin d'acclimation, du 1er novembre au 31 mars, *terme de rigueur*, pour les espèces élevées en pleine terre : celles des espèces élevées en pots ainsi que celles des graines se continueront pendant toute l'année.

Elles auront lieu tous les jours, pendant le temps indiqué, excepté les samedis, dimanches et fêtes.

Pour prendre livraison de végétaux ou de graines, on devra s'adresser au Jardin d'acclimatation, bureau de la comptabilité.

Les livraisons ont lieu *expressément au comptant.*

Les pots fournis avec les plantes seront remboursés, selon le tarif établi à la page 3. A moins d'avis contraire, les arbres toujours verts, d'une reprise difficile, à racines nues, tels que les Orangers, Citronniers, Caroubiers, Lauriers, Ficus, Cyprès, Pins, Thuyas, Bambous, etc., seront livrés en motte enveloppée de paille et cordée.

Cet emballage sera remboursé, en sus du prix de l'arbre, selon le tarif, page 3.

### EXPÉDITIONS POUR L'ALGÉRIE.

Les colons des centres éloignés, pourront, par *lettres affranchies*, adresser leur demande au *Directeur du Jardin d'acclimatation*, en l'accompagnant du montant, en un bon, à son ordre, sur la poste, sur le Trésor ou sur la Banque de l'Algérie, à Alger, payable à vue, et sans frais, ou encore en billets de banque.

Les végétaux et graines composant leur demande leur seront

expédiés gratuitement, pour la côte, sur les bâtiments de l'État faisant le service de la correspondance, et sous le couvert de l'autorité civile ou militaire du port le plus voisin de leur résidence. Toutefois, dans le cas où ce service viendrait à cesser, les acquéreurs seront tenus de faire effectuer à leurs frais le transport de ces végétaux.

Pour l'intérieur, les colis seront remis aux diligences ou au roulage, selon les indications.

Les parties prenantes auront à rembourser les frais d'emballage, en même temps que le versement du prix des végétaux et graines.

Comme donnée générale, on peut estimer qu'un ballot du poids d'environ cent kilogrammes peut contenir, soit 25 arbres forestiers, soit 25 mûriers haute tige, soit 40 à 45 arbres fruitiers à feuilles caduques.

## EXPÉDITIONS HORS DE L'ALGÉRIE.

Les envois hors de l'Algérie sont effectués par la voie de Marseille et réexpédiés sur leurs destinations respectives par les soins d'un commissionnaire de ladite ville, aux frais et risques des acquéreurs.

Chaque envoi est accompagné d'une lettre d'avis.

Les destinataires sont priés d'indiquer, dans leur demande, s'ils veulent que les expéditions leur soient faites en *grande* ou en *petite* vitesse des Chemins de fer. A défaut, on expédiera au mieux de leurs intérêts, mais sans aucune espèce de recours de leur part.

---

**IL NE SERA DONNÉ AUCUNE SUITE AUX DEMANDES QUI NE SERAIENT PAS ACCOMPAGNÉES DE VALEURS EN REMBOURSEMENT.**

---

# OBSERVATIONS

SUR LA

# TRANSPLANTATION DES ARBRES

EN ALGÉRIE.

La transplantation est l'action d'enlever un arbre de la place qu'il occupe dans le sol, pour le replanter dans une autre place. C'est une opération violente, qui ne peut s'exécuter sans léser quelques-uns des organes essentiels du végétal.

Quiconque veut faire des plantations, transplanter des arbres doit, avant tout, se pénétrer d'une chose, c'est qu'un arbre est un être organisé et vivant. S'il est privé de sensibilité et de mouvements volontaires, il est doué d'excitabilité et de la propriété d'exercer des fonctions qui caractérisent la vie, en s'assimilant les substances inorganiques.

Son excitabilité est constante dans les organes essentiels qui sont les principaux agents de la répartition du principe vital; tels sont les trachées par lesquelles le végétal respire, les vaisseaux dans lesquels circule la sève et ceux dans lesquels se meuvent des liquides particuliers tels que le lait vègétal. Tels sont encore les tissus des spongioles qui terminent les racines et ceux qui constituent les organes les plus intimes de la reproduction. L'excitabilité se manifeste, parfois, d'une manière apparente sur les appareils extérieurs des végétaux, tels que les feuilles, qui se replient ou s'abaissent à l'obscurité, comme chez un grand nombre de légumineuses et quelques oxalis, ou, sous le toucher, comme la sensitive, la dionée; les fleurs qui s'ouvrent ou se ferment à diverses heures du jour, comme la belle-de-jour, le souci des jardins, la pâquerette. Quelques phénomènes de ce genre ont même toute l'apparence de l'iritabilité animale, chez les végétaux.

Comme tous les êtres organisés, le végétal a sa naissance, sa croissance, son déclin et sa mort.

La vie des végétaux s'exerce sous l'influence combinée : 1° du sol et des principes immédiats qu'il renferme, 2° de la chaleur et de la lumière, et 3° de l'air avec ses composants.

Les racines dans la terre et les feuilles dans l'air sont les deux ordres d'appareils qui réunissent les éléments de nutrition. Les matières liquides, solides ou en dissolution, répandues dans le sol et qui servent d'aliment au végétal, entrent par les spongioles, situées à l'extrémité des racines et qui remplissent, ici, l'office de la bouche chez les animaux.

Cet aliment monte des racines dans la tige et les rameaux, prend le nom de sève arrivé à cette hauteur, et peut être considéré comme remplissant les fonctions du chyle chez les animaux.

La sève, transportée jusque dans les feuilles, est mise en contact avec l'air extérieur. Il s'en évapore une portion plus ou moins considérable, selon que l'atmosphère est plus ou moins saturée d'humidité. Elle devient moins liquide et est modifiée chimiquement par l'air atmosphérique. L'opération la plus importante qui se passe alors dans les feuilles est la décomposition du gaz acide carbonique. Le végétal garde le carbone et se l'assimile; il restitue à l'air de l'oxigène pur.

Le suc provenant de cette opération a déjà des propriétés vitales; il prend le nom de cambium qui constitue directement le tissu naissant, et remplit des fonctions analogues à celles du sang chez les animaux. Ce tissu forme, en s'incrustant de plus en plus de sels minéraux, les couches ligneuses et le bois, qui sont la partie solide des végétaux.

L'extraction d'un arbre du sol ne peut avoir lieu sans que les racines, déliées et multipliées à l'infini, que l'on nomme le chevelu et à l'extrémité desquelles sont les spongioles qui introduisent les sucs nourriciers dans le végétal, ne soient rompues. Le tissu des racines qui restent adhérentes à l'arbre conserve la propriété de reproduire du nouveau chevelu, mais à la condition que ce tissu conservera, pendant la déplantation, son état primitif et ne sera pas désorganisé, désséché par une exposition prolongée à l'air libre.

Or, c'est le dessèchement des racines, pendant la déplantation qui cause la non reprise des arbres et qui est la source des mécomptes dont des planteurs croient devoir se plaindre.

Ces mécomptes, il faut les imputer, principalement, à l'insouciance, pour ne pas dire plus, avec laquelle s'effectue le transport des arbres déracinés, et au peu de soin qui préside à leur plantation. Dans ces opérations, si délicates, on agit la plupart du temps, à l'égard des arbres, c'est-à-dire d'êtres organisés et vivants, comme si l'on avait à faire à des matériaux quelconques, des planches et des madriers, par exemple.

Si un colon a à transporter de la chaux par un temps qui menace d'être pluvieux, il la couvrira d'une bâche, parce qu'il sait que si elle est mouillée en route, sa chaux sera perdue, que sa voiture sera brûlée et que son attelage et lui-même courront du danger. Mais vous ne le verrez jamais employer la même précaution pour garantir les racines des arbres qu'il transporte un jour de hâle. C'est qu'il ignore, probablement, qu'il suffit que les racines soient exposées pendant une journée au vent sec, pour que leur tissu soit flétri et désorganisé et qu'elles ne puissent plus reprendre.

Les arbres ont une organisation moins compliquée que les bestiaux et semblent plus faciles à traiter. Cependant quelques cultivateurs réussissent moins à élever les premiers que les seconds : à quoi cela tient-il ? C'est que les animaux crient quant ils souffrent et que les arbres ne peuvent rien dire.

Quoi qu'il en soit, aucun n'avoue son inexpérience. Les insuccès qui arrivent dans les plantations ne sont jamais imputés à ceux qui ont fait l'opération, quoique cela paraisse tout d'abord rationnel. C'est l'arbre, c'est la manière dont il a été élevé, c'est le lieu d'où il vient qui sont causes du mécompte. On se plaint que ce jeune arbre a été trop bien soigné; que la terre dans laquelle il a été élevé est trop bonne. Or, selon un dicton populaire, c'est absolument se plaindre de ce que la mariée est trop belle.

Qu'arriverait-il, cependant, si le contraire avait lieu, si la terre n'était pas bonne et si les jeunes arbres n'étaient pas soignés? Quel langage tiendrait-on, alors?

On se fait ici, généralement, une idée fausse sur les conditions dans lesquelles doivent être élevés les arbres en pépinière. On voudrait, par exemple, qu'ils soient élevés dans un terrain de médiocre qualité, aussi peu fertile que possible, et ne recevant que le moins possible de soins, se figurant que de jeunes arbres ainsi traités, transportés ensuite dans des terrains meilleurs, seraient plus rustiques, réussiraient mieux et pourraient se passer, étant mis à demeure, des soins indispensables de l'homme.

Cette manière de voir est absolument contraire aux faits, à l'expérience, aux données de la science et aux indications mêmes de la nature. Tous les êtres, sans exception, sont beaucoup plus frêles, plus délicats à leur naissance que dans les âges intermédiaires. Dans les conditions ordinaires déterminées par la nature et dans l'état sauvage, un grand nombre meurt avant d'avoir fait sa place et d'être tombé dans le milieu convenable, surtout en ce qui se rapporte aux végétaux. Mais lorsque l'homme intervient et administre les efforts de la nature, lorsqu'il s'agit d'êtres dont il veut faire l'éducation en domesticité, leur existence ne peut plus être vouée au hasard. A leur naissance, il leur faut des soins, un régime différent que dans l'âge adulte. Personne n'oserait proposer, par exemple, de donner au veau, au poulain, à l'agneau qui viennent de naître, du foin, l'herbe dure des pâturages, le parcours au grand air et sous les intempéries, au lieu de lait, de la douce chaleur, de l'abri contre les injures du temps et de la sollicitude de la mère, sous prétexte que ces petits êtres deviendraient plus forts et plus robustes. On sait que c'est tout le contraire qui en résulterait. Pourquoi voudrait-on que la même loi n'existât pas pour les arbres ?

Si, cependant, on ne veut pas se rendre à tout ce que ce raisonnement peut avoir de fondé, si l'on veut ne s'en rapporter qu'au hasard et aux seules forces de la nature, pourquoi ne pas se borner à placer une graine là où l'on voudrait avoir un arbre et s'en rapporter à la Providence du soin de l'élever ? Ne serait-ce pas le moyen le plus simple d'avoir le sujet rustique que l'on souhaite ?

Oui, en théorie. Mais il y a des accidents dans la climature ; il ne pleut pas toujours à propos ; la sécheresse peut empêcher la graine de lever. Et puis, l'enfance de l'arbre est longue, les herbes l'étoufferont étant tout jeune ; ses racines ne pivoteront pas assez profondément la première année pour braver la sécheresse de l'été. Les bestiaux, en passant par là, le brouteront ; enfin, dans les herbes sèches, il sera brûlé lors des incendies qui se promènent parfois à l'automne, sur nos plaines et jusque dans nos champs ; avant qu'il ne soit grand, mille accidents seront venus le détruire. Conséquemment, il est indispensable de mettre l'arbre en pépinière pour l'abriter, le protéger dans sa jeunesse et de ne le mettre en place que lorsqu'il a acquis une certaine force.

Qu'est-ce qu'une pépinière ? C'est à la fois le berceau et la nourrice des jeunes arbres. Ce lieu, consacré aux soins de leur enfance ne saurait jamais être trop bien situé, ni être trop bien partagé sous le rapport de la qualité du terrain.

Les pépinières les plus renommées de France sont établies sur le sol le plus fertile de la contrée. Les nombreux établissements de Vitry, d'Angers, d'Orléans doivent leur réputation à cette circonstance principalement ; les horticulteurs ont soin de s'en prévaloir sur les annonces de leurs catalogues, et il n'arrive jamais aux cultivateurs qui tirent des arbres de ces centres de production de dire que ces arbres ne valent rien, parce que, plus expérimentés, plus soigneux, plus soucieux de leurs intérêts, ils donnent à leurs plantations les soins qu'elles réclament.

Pour transplanter les arbres avec succès, il faut avoir égard aux saisons favorables, mais aussi à la nature et aux habitudes des arbres, quant à leur mode de végétation.

Sous ce rapport; on peut diviser les arbres en deux catégories : les arbres à feuilles caduques et les arbres à feuillage persistant.

Les arbres à feuilles caduques ont une végétation intermittente. Dans la période d'une année, ils ont une phase de végétation très active, qui commence au printemps et pendant laquelle ils se couvrent d'un abondant feuillage, et une phase de repos, qui commence à l'automne, pendant laquelle ils se dépouillent de leurs feuilles, et leur vie n'est plus alors, pour ainsi dire, que latente.

Cet état de repos, d'engourdissement, correspond dans les régions du Nord et sub-tempérées aux époques où la température s'abaisse le plus, et, dans certaines circonstances, des régions chaudes, au moment où la sécheresse se fait le plus sentir. Toutefois, cet état d'engourdissement de la végétation, dans les régions chaudes, est beaucoup moins fréquent que dans les régions froides, et il dure, dans tous les cas, infiniment moins longtemps. Mais ce n'en est pas moins un même effet produit sous l'influence de deux causes différentes.

C'est dans la phase du repos qu'il faut transplanter les arbres à feuilles caduques, et, comme les organes ne fonctionnent plus, que la sève n'est pas en mouvement, on peut les enlever de terre à racines nues, avec le succès le plus complet, en prenant toutefois les précautions requises pour que les racines ne soient pas desséchées par l'air qui vient les frapper directement.

La plantation des arbres à feuilles caduques, pour être normale, doit se faire de la fin de novembre à la fin de février. Cependant, il y a des espèces à bois tendre, qui poussent de très bonne heure et dont la transplantation ne saurait se différer jusqu'à cette dernière époque. Il y a des cas, aussi, où l'on est obligé d'avancer la transplantation et de l'effectuer dès que les feuilles se détachent naturellement ; et il en est aussi d'autres où l'on est amené à la différer jusqu'au moment où la végétation va commencer et que les boutons commencent à se gonfler. Mais, dans ces deux extrêmes, le chevelu est plus tendre, les vaisseaux contiennent de la sève, et il faut alors des précautions beaucoup plus grandes pour que les arbres ne souffrent pas du hâle, pendant qu'ils sont détachés du sol, et de la sécheresse, après la plantation.

Ainsi, dans les terres très légères et qui se dessèchent vite au printemps, il convient de planter ces arbres d'aussi bonne heure que possible, en novembre, par exemple.

Mais dans les terres très fortes, qui ne laissent filtrer que très difficilement l'eau des pluies, et qui ne se débarrassent de leur excès d'humidité que par l'évaporation, on ne peut faire les plantations que fort tard. Il faut dire de suite que, dans ces sortes de terres, la réussite des plantations n'est toujours que fort précaire. D'abord la reprise est toujours assez difficile Par les pluies, les eaux s'amassent en excès dans les trous qui ont été creusés pour recevoir l'arbre, y demeurent stagnantes comme dans un vase, et font pourrir les racines. Plus tard, cette terre se durcit, sous l'action du hâle et du soleil, se crevasse et la sécheresse ne tarde pas à atteindre l'arbre. Si, nonobstant, l'arbre résiste au moment de sa plantation à ces causes défavorables, une circonstance contraire l'attend encore. Lorsque ses racines ont atteint la paroi du trou, elles trouvent une terre dure, compacte, qu'elles ne peuvent pénétrer. L'arbre languit, ne fait aucun progrès, s'il ne périt pas tout-à-fait.

Les difficultés de faire prospérer les arbres dans cette sorte de terre sont de nature à faire renoncer d'y établir des plantations. Si, cependant, on y est contraint par des considérations majeures, telles que la nécessité de créer des abris, d'entourer des habitations, on peut encore en obtenir des résultats passables, en faisant les sacrifices nécessaires. Il faut alors creuser de larges tranchées de 2 à 3 mètres sur 80 à 90 centimètres de profondeur, remettre la terre remuée à sa place, y planter les arbres, au lieu de les placer dans les trous carrés que l'on fait ordinairement. En établissant des tranchées dans le sens de la pente du terrain, en les faisant aboutir à un fossé collecteur, qui en soutire l'eau qui s'y trouve en excès, en maintenant la terre en bon état de division par de fréquents labours et binages, en couvrant la terre remuée, pendant l'été, avec des herbes sèches, de la paille, du fumier, afin d'arrêter la trop grande évaporation de l'humidité et d'empêcher la terre de se crevasser, on peut, moyennant toutes ces précautions, obtenir encore des résultats satisfaisants dans les terres compactes.

Dans l'état normal, il y a correspondance parfaite de développement entre l'appareil radiculaire et l'appareil aérien d'un arbre, c'est-à-dire entre les racines et les rameaux. Quelles que soient les précautions que l'on prenne, l'extraction d'un arbre du sol supprime forcément un nombre plus ou moins grand de racines. Dès lors, l'équilibre est rompu entre le développement des racines et celui des branches. Il faut le rétablir en raccourcissant les rameaux en proportion des racines supprimées, autrement à l'évolution des nouveaux bourgeons, ceux-ci et les nouvelles feuilles demanderaient une émission de sève à laquelle les racines ne peuvent pas d'abord fournir, et il en résulte une longue crise qui peut être fatale à l'arbre. Mais ce retranchement des branches doit se faire dans une certaine mesure, avec la plus grande circonspection, et ne doit pas dégénérer en une véritable amputation, qui consiste, presque généralement, à couper le tronc de l'arbre à deux mètres au-dessus du sol, en le plantant. Cette mutilation s'explique encore moins lorsqu'il s'agit d'arbres déjà forts et à demeure depuis longtemps, que l'on a la trop fréquente habitude de décapiter entièrement, sous prétexte de les tailler pour les faire développer plus vite. Cette remarque s'applique snrtout aux arbres que l'on plante pour former des abris, donner de l'ombrage, décorer le sol et fournir plus tard du bois de charpente.

Lorsque l'on transporte des arbres à racines nues, et qu'on les entasse dans une charette, il faut toujours avoir soin de couvrir les racines avec de la paille ou des paillassons, ou des nattes, ou des bâches, de façon à empêcher l'air de les frapper directement et de les dessécher. Aussitôt arrivés sur le lieu de la plantation, on doit mettre les arbres en jauge, couvrir les racines de terre fine, et mouiller cette terre si elle n'est pas suffisamment humide. On les retire de cette jauge, seulement à mesure qu'on les plante. Cette précaution doit être également prise à l'égard des arbres qui ont été transportés emballés, et que l'on ne pourrait planter immédiatement.

Dans tous les cas, il faut toujours se rappeler que l'arbre ne doit être détaché que le moins de temps possible du sol, et que la célérité dans la déplantation est une des conditions essentielles du succès.

En ce qui concerne les arbres à feuillage persistant, leur transplantation exige des soins différents de ceux à feuilles caduques.

Cette catégorie d'arbres a des représentants à peu près dans toutes les régions: cependant, le nombre des espèces ligneuses, qui sont toujours ornées de leur feuillage, augmente à mesure que l'on descend du Nord vers l'Equateur. Dans les pays tropicaux, la végétation de ces espèces n'a, pour ainsi dire, pas d'arrêt; mais à mesure qu'on remonte les latitudes, l'intermittence, sous ce rapport, se prononce de plus en plus, et il arrive que, sous les climats où les refroidissement de l'atmosphère est considérable à une certaine époque de l'année, au point que la congélation se produise, les espèces à feuillage persistant ont aussi un repos analogue à celui des espèces à feuilles caduques, car, quelle que soit la rusticité des espèces, jamais les jeunes bourgeons, le tissu naissant, ne supportent la gelée.

Mais, malgré ce repos, qui se manifeste surtout en ce que de nouveaux bourgeons et de nouvelles feuilles ne sont pas en état de développement, et que l'on ne voit sur le végétal que des bourgeons et des feuilles complètement formés et complètement aoûtés, la circulation de la sève, sans être très active, n'est cependant pas complètement suspendue.

Les feuilles ne se maintiennent vivantes, sur les rameaux,

qu'à la condition d'une alimentation qui leur est continuée par les racines. L'appareil radiculaire et l'appareil foliacé ne cessent pas de fonctionner. Si l'on sépare ces arbres du sol, ayant leurs racines nues, les feuilles, qui n'en continuent pas moins leur aspiration, se flétrissent, car les racines ne leur envoient plus d'aliments, le tissu des bourgeons se ride et l'arbre meurt en très peu de temps.

Les arbres à feuillage persistant ne peuvent, par conséquent, se transplanter utilement qu'avec la terre adhérente aux racines, soit qu'on les élève exprès dans des pots, soit qu'on les enlève en motte de la pleine terre. C'est ainsi que presque toujours on transplante ces arbres dans les cultures des tropiques, et, à cet effet, on ne les prend que jeunes et de peu de développement, afin que l'opération soit plus facile.

Il est cependant un moyen de pratiquer la transplantation des arbres à feuilles persistantes et à racines nues, c'est de leur retrancher toutes leurs feuilles et les jeunes bourgeons au moment de les extraire du sol ; mais cette mutilation considérable retarde beaucoup le progrès des sujets plantés de cette sorte, leur reprise n'en demeure pas moins toujours très chanceuse, et il n'y a pas réellement économie à opérer ainsi.

Par les raisons qui ont été exposées plus haut, il ne faut transplanter les arbres toujours verts qu'au moment le plus rapproché possible de celui où ils entrent en pleine végétation, mais il ne faut jamais attendre que les jeunes pousses se soient déjà développées. Ceci s'applique surtout aux arbres à extraire en motte de pleine terre, parce qu'il y a toujours quelques racines qui sont tranchées, ce qui entraîne la flétrissure des bourgeons tendres et fatigue beaucoup l'arbre.

La fin de février et le courant du mois de mars, en Algérie, paraissent la saison la plus favorable pour la plantation des arbres à feuilles persistantes. Plus tôt, la terre est froide, et ne peut provoquer aucune végétation, aucun développement de racines chez ces végétaux ; ils ne peuvent que languir et dépérir dans cet état. Le point important pour la réussite est qu'ils entrent en végétation aussitôt plantés. Plus tard, l'opération est beaucoup plus difficile, la sécheresse peut venir avant que l'arbre n'ait suffisamment développé de nouvelles racines, et il faut alors beaucoup plus de soins et de dépenses pour le faire réussir.

La transplantation des arbres résineux, surtout de ceux originaires de l'Algérie, réussit bien à l'automne, de la fin d'octobre au commencement de décembre, pourvu cependant que la terre ait été détrempée par les pluies. Si l'on n'a pu opérer à cette époque, il vaut mieux remettre la plantation au commencement du printemps que de planter ces sortes d'arbres en plein hiver, l'humidité froide faisant presque toujours pourrir leurs racines lorsqu'elles viennent d'être dérangées.

La motte que l'on ménage au pied des arbres toujours verts à transplanter est emballée avec de la paille ou des roseaux. Il convient de planter l'arbre avec sa motte, toute empaquetée. Lorsque cette motte a été recouverte aux deux tiers avec la terre qui doit rentrer dans l'excavation pratiquée, on foule tout autour avec le pied, puis on délie l'emballage au collet de l'arbre, on écarte la paille, que l'on recouvre de terre, et l'on achève de combler le trou à la hauteur voulue. De cette façon on ne court pas risque de briser la motte, de déranger les racines; et rarement l'arbre, ainsi traité, souffre de la transplantation.

A. H.

---

# CATALOGUE

DES

# VÉGÉTAUX ET GRAINES

DISPONIBLES ET MIS EN VENTE

PAR

# LE JARDIN D'ACCLIMATATION

AU HAMMA, PRÈS ALGER

**PENDANT LA SAISON 1865-1866**

## VÉGÉTAUX

## ARBRES VERTS RÉSINEUX, CONIFÈRES

### 1° Levés en motte.

**CYPRÈS** pyramidaux, *Cupressus pyramidalis.*

| | La pièce | Les 50. | Le cent. |
|---|---|---|---|
| de 1m00 à 1m50. . . | 0 60 | 25 00 | 45 00 |
| de 2m00 à 2m50. . . | 1 00 | 45 00 | 85 00 |

— horizontaux, *C. horizontalis*

| | La pièce. | Les 50. | Le cent. |
|---|---|---|---|
| de 1m00 à 1m25. . . | 0 60 | 25 00 | 45 00 |
| de 1m50 à 2m00. . . | 1 00 | 45 00 | » » |

Les Cyprès sont des arbres utiles pour l'Algérie, on en compose des abris précieux contre les vents; leur croissance est active, ils prennent de grandes dimensions et leur bois est excellent pour tous les usages. Avec le temps, ils peuvent donner des charpentes de grandes dimensions, propres à tous les genres de constructions.

**GENÉVRIER DE VIRGINIE**, *Juniperus virginiana.*

| | La pièce. | Les 50. |
|---|---|---|
| de 0m60 à 0m80. . . | 0 60 | 25 00 |
| de 1m00 à 1m50. . . | 1 00 | 45 00 |

Le genévrier de Virginie est le plus grand et le plus utile de tous les genévriers; son bois est bon, mais moins solide que celui du Cyprès; on peut en composer des abris de moyenne dimension. Planté isolément cet arbre est très-pittoresque.

| | La pièce | Les 50 | Le cent. |
|---|---|---|---|
| **PIN** d'Alep, *Pinus Alepensis*, de 0m50 à 1m00 . . . . . . . . . . . . | 0 50 | 20 00 | 35 00 |

| | La pièce. |
|---|---|
| — Sylvestre, *P. Sylvestris*. . . . . . . . . . . . . . | 0 60 |
| — noir d'Autriche, *P. Austriaca* . . . . . . . . . . | 0 60 |
| — de Riga, Pin à mâture, *P. Rigensis*. . . . . . . . | 0 60 |
| — du Lord Weymouth, *P. Strobus*. . . . . . . . . . | 0 60 |
| — maritime, *P. Pinaster*. . . . . . . . . . . . . . | 0 60 |

Ces dernières espèces de Pins sont d'une croissance assez lente en Algérie; on doit leur préférer, pour les basses altitudes au moins, le Pin d'Alep et le Pin Pignon, qui sont franchement originaires du pays.

**THUYA** de la Chine, *Thuya Sinensis*, de

0m60 à 1m00. . . . la pièce... 0 60

les 50.. 25 00

— articulé, *Callitris Quadrivalvis.*

de 0m50 à 0m60. . . la pièce.. 0 60

(Nota. — L'emballage de la motte, qui est de 0f 20c est en sus de ces prix; voir page 3.)

2e Levés en pots.

**ARAUCARIA BRASILIENSIS**, *Araucaria du Brésil.*

| | La pièce. | Les 25. | Les 50. | Le cent. |
|---|---|---|---|---|
| de 0m40 à 0m60. . . | 2 50 | 55 00 | 100 00 | 180 00 |

Bel et grand arbre, originaire des montagnes brésiliennes. Son bois est propre aux mêmes usages que le Sapin. Son aspect est des plus pittoresques. Il lui faut des lieux un peu élevés et découverts, et une terre un peu siliceuse.

Les terres *rouges* de l'Algérie lui conviennent.

| | La pièce. | Les 25. | Les 50. |
|---|---|---|---|
| **CASUARINA**, equisetifolia, *Filao de la Nouvelle-Hollande* . . | 1 00 | 20 00 | 35 00 |
| — lateriflora, *F. de Madagascar* . . . . . . . . . . | 1 00 | 20 00 | 35 00 |
| — muricata. . . . . . . . . . | 1 50 | 30 00 | 50 00 |
| — quadrivalvis, *F. à fruit à quatre valves*. . . . . | 1 00 | 20 00 | 35 00 |

Les Casuarina deviennent de grands arbres à longs rameaux filiformes, dépourvus de feuilles comme certains genêts, et d'un aspect très-pittoresque. Leur bois est dur, très-solide et recherché dans l'Océanie, pour les constructions navales. L'écorce de la première espèce donne une couleur rouge, analogue à celle du Rocou.

| | La pièce. |
|---|---|
| **CUPRESSUS FUNEBRIS**, de la Chine. . . . . . . . . . | 1 00 |
| **PIN PIGNON**, *Pinus pinea*, de 0m30. . . . . . . . . . | 0 50 |
| les 25. . . | 10 00 |
| — fort, de 0m50 à 0m60. . . . . . . . . . . . | 1 00 |
| les 25. . . | 20 00 |
| **PODOCARPUS** latifolia, de 0m35 à 0m50. . . . . . . . | 1 50 |
| — Spicata, de 0m35 à 0m50. . . . . . . . | 1 50 |
| **SCHUBERTIA** disticha, *Mirb.* Taxodium distichum, Rich. Cyprès chauve. . . . . . . . . . . . . . . . . | 1 00 |

Grand arbre de la Louisiane dont le feuillage d'un vert tendre, est léger et gracieux. Le feuillage est caduc. Le Cyprès chauve veut les terrains humides, tourbeux, près des sources et des cours d'eau. Il viendrait dans les marais en élevant de petits monticules sur lesquels il serait placé. Sa croissance est rapide et il est susceptible de produire de belles charpentes.

**TAXUS** baccata. Lin. If commun, . . . . . la pièce. . 0 75

**THUYA** plicata, Lin . . . . . . . . . . . . . . . . . . 0 75
les 25. . 15 00

— Nepalensis, Hort. . . . . . . . . . . la pièce. . 0 75.
les 25. . 15 00

Le moment le plus favorable pour transplanter les arbres verts résineux, ou conifères, surtout les plants levés en pleine terre, soit en motte, soit à racines nues, est l'automne, aussitôt que les premières pluies ont détrempé la terre, jusque vers la mi-décembre. Si l'on n'a pu opérer à cette époque, il vaut mieux remettre la plantation à la fin de février ou au commencement de mars.

La transplantation des arbres verts résineux au fort de l'hiver est beaucoup plus chanceuse, parce que les pluies sont alors, le plus souvent, très-abondantes et froides, et font, la plupart du temps, pourrir les racines avant qu'elles n'aient pu s'attacher au nouveau sol.

---

## ARBRES ET ARBRISSEAUX ÉCONOMIQUES.

---

**ARBRE A SUIF** *Croton sebiferum, Stilingia sebifera.*
la pièce. . 1 00
les 50. . . 40 00

Grand arbre de la Chine, dont les feuilles caduques ressemblent à celles du peuplier tremble, et prennent une teinte rouge foncée à l'automne. Il convient pour planter des avenues et réussit très-bien dans les plaines. Il donne en abondance chaque année, des fruits à 3 ou 5 loges, contenant 3 ou 5 graines, recouvertes d'une substance sébacée qui est le *suif végétal.* Les Chinois et les Japonais font les bougies avec cette substance.

**EUPATOIRE** tinctoriale, *Eupatorium,*

| | La pièce. | Les 50. | Le cent. |
|---|---|---|---|
| *tinctorium Eupatorium Laeve,* D. C. | 0 75 | 35 00 | 60 00 |

Grand arbrisseau originaire du Brésil dont les feuilles donnent un excellent indigo.

| | La pièce. |
|---|---|
| **FRÊNE** à la manne, *Fraxinus rotundifolius* . . . . . | 1 00 |
| — à fleurs. *Fr. ornus*. . . . . . . . . . . . . . . | 1 00 |

Ces deux frênes donnent la manne purgative des officines.

| | La pièce. | Les 50. | Le cent. |
|---|---|---|---|
| **MURIER** blanc, greffé haute tige . . . | 1 00 | 45 00 | 80 00 |
| — Lou, de 1 à 2 mètres de haut. | 0 40 | 15 00 | 25 00 |
| — multicaude . . . . . . . . . | 0 25 | 11 00 | 20 00 |
| — multicaule-hybride . . . . . | 0 25 | 11 00 | 20 00 |
| **SUMAC** des corroyeurs, *Rhus coriara*. . . | 0 50 | 20 00 | 35 00 |

Les feuilles de cet arbrisseau servent à tanner les cuirs fins.

BOUTURES.

| | La pièce. |
|---|---|
| **MURIER** lou, le cent, 3 fr. . . . . . . . . . . . . . . | 0 03 |
| — multicaule, le cent, 2 fr. . . . . . . . . . . . | 0 02 |
| — multicaule-hybride, le cent, 2 fr. . . . . . . . | 0 02 |

## ARBRES FORESTIERS.

| | La pièce. Fr. c. |
|---|---|
| **BOULEAU** blanc, *Betula alba* . . . . . . . . . . . . . | 0 75 |
| — à canot, *Betula papyrifera*. . . . . . . . . . | 0 75 |

La pièce.
Fr. c.

**BROUSSONNETIER**, mûrier à papier, *Broussonnetia papyrifera*,

1er choix. . . . . . . . 1 25

2e choix. . . . . . . . 0 75

**ÉRABLE** champêtre, *Acer campestre* . . . . . . . . . . 1 25

— à feuilles de platane, *A platanoïdes* . . . . . . 1 25

— à feuilles de frêne, *A negundo* . . . . . . . . 0 75

— rouge, *A. rubrum* . . . . . . . . . . . . . . 1 25

— sycomore, *A. pseudo platanus* . . . . . . . . . 1 25

Les Érables se plaisent dans les terres profondes et fraîches ; dans ces conditions, ils prennent un développement rapide et font de beaux arbres. L'Érable sycomore et l'Érable à feuilles de platane sont les plus élevés.

**FÉVIER** d'Amérique, *Gleditschia triacanthos* . . . . . 1 25

**FRÊNE** ordinaire, *Fraxinus excelsior*. . . . . . . . . . 0 75

**MELIA** azederach, lilas des Indes. . . . . . . . . . . 0 75

— Sempervirens. . . . . . . . . . . . . . . . . 1 00

— arguta. . . . . . . . . . . . . . . . . . . 1 25

**MICOCOULIER** de Provence, *Celtis australis*, bois de Perpignan,

1er choix. . . . . . . . 1 25

2e choix. . . . . . . . 0 75

Voici un arbre qui n'est pas apprécié à sa valeur. Commun en Algérie, on le rencontre dans les conditions les plus diverses : sur les ruines, dans les fissures des rochers, sur les terrains en pente, dans les plaines et à peu près à toutes les altitudes. On en voit de gigantesques dans la plaine de Bougie ; son bois est dur, compact, élastique ; il est très-recherché et peut s'employer à tous les ouvrages. On en fait des cercles de tonneaux, de cribles, on l'utilise dans la vannerie ; traité en taillis, on en fait des fourches à faner, à trois doigts, dont on se sert généralement dans le midi.

Plus rustique que l'orme et prenant, avec le temps,

La pièce,
Fr. c.

un développement plus considérable, il est un des arbres qui conviennent le mieux pour la composition des avenues et les bordures de grandes routes. Les Arabes l'appellent *D'quequob*.

**NOYER** noir d'Amérique, *Juglans nigra* . . . . . . . . 1 25

Le Noyer noir d'Amérique est un très-grand arbre, dont la croissance est très-rapide, ce qui n'empêche pas son bois d'être dur et excellent pour l'ébénisterie et le charonnage. Il donne une noix dont la coque est très-épaisse, mais dont l'amande est douce et mangeable. Il veut une terre profonde et fraîche. C'est l'un des grands arbres à feuilles caduques, les plus utiles à répandre en Algérie.

**ORME** à larges feuilles, *Ulmus campestris latifolia*,
1er choix . . . . . . . . . . . . . . 1 25
2e choix . . . . . . . . . . . . . . 0 75
— d'Amérique, *U. Americana* . . . . . . . . . . . 0 75

**PEUPLIER** blanc, ypréau, *Populus alba* . . . . . . . . 0 75
— d'Italie *P. fastigiata* . . . . . . . . . . . . 0 75
— du lac Ontario, *P. Ontariensis* . . . . . . . 0 75
— suisse ou de Virginie, *P. monilifera* . . . . 0 75
— de la Caroline, *P. angulata* . . . . . . . . . 0 75
— noir, *P. nigra* . . . . . . . . . . . . . . . . 0 75
— du Canada, *P. canadensis* . . . . . . . . . 0 75

**PLATANE**, *Platanus occidentalis*,
1er choix . . . . . . . . . . . . . . 1 25
2e choix . . . . . . . . . . . . . . 0 75

**ROBINIER** blanc, *Robinia pseudo-acacia*,
1er choix . . . . . . . . . . . . . . 1 25
2e choix . . . . . . . . . . . . . . 0 75

**VERNIS FAUX** du Japon, *Ailantus glandulosa* . . . . 0 75

| Boutures. | La pièce. Fr. c. |
|---|---|
| **PEUPLIER** d'Italie, Suisse et autres, le cent 2 fr. . . . . . | 0 02 |
| **PLATANE**, le cent 2 fr. . . . . . . . . . . . . . . . . . . | 0 02 |
| **SAULE** pleureur, vert et autres, le cent, 2 fr. . . . . . . | 0 02 |
| — osier jaune, le cent., 3 fr. . . . . . . . . . . . . . | 0 03 |

# ARBRES FRUITIERS A FEUILLES CADUQUES.

| | Fr. c. |
|---|---|
| **ABRICOTIER**. . . . . . . . . . . . . . . . . . la pièce | 0 60 |

— Alberge gros.

Beau fruit, de grosseur moyenne, parfumé, chair tendre.

— Alberge petit.

Très-fertile, fruit petit, bon pour confitures.

— Abricotin rouge.

Très-fertile, fruit petit, bon pour confitures.

— Angoumois.

Fruit moyen, de seconde qualité, fertile.

— Boussiala.

Variété indigène, grosse, bonne qualité.

— Bourhalbi.

Variété indigène, moyenne, hâtive, chair sèche.

— Chachi,

Variété indigène, fruit moyen, précoce.

— Cheouachéi,

Variété indigène, fruit moyen, précoce.

— Dmechrii.

Variété indigène, fruit moyen, précoce.

La pièce.
Fr. c.

**ABRICOTIER** *(Suite)*. . . . . . . . . . . . . . . la pièce 0 60

— De Hollande.

Fruit petit, de seconde qualité, fertile.

— d'Alexandrie.

Fruit moyen, bonne qualité.

— Gros commun.

Fruit moyen, bonne qualité, très-fertile.

— Gros musqué.

Fruit moyen, mais excellent, peu fertile.

— Gros Mongamet.

Fruit moyen, bonne qualité.

— Luxembourg (du).

Fruit moyen, bonne qualité.

— Hâtif de Sardaigne.

Fruit moyen, rond, demi-précoce.

— Mourrha.

Variété indigène.

— Nouveau de Versailles.

Moyen, bonne qualité, tardif.

— Pêche.

Le plus gros, le plus exquis de tous les abricots.

— Rouge hâtif.

Moyen, bon, demi-précoce.

— Royal violet.

Bonne qualité, fruit moyen, demi-précoce.

Les abricotiers réussissent généralement bien en Algérie, à toutes les altitudes. Ils demandent une terre douce, perméable, profonde et à l'abri des vents.

**AMANDIER** à coque tendre. . . . . . . . . . . . . . 0 60

Quoique l'Amandier ait la réputation de venir à peu près partout, cela peut s'entendre pour ce qui dépend de l'altitude ; mais dans tous les cas, il demande pour prospérer, une terre perméable et profonde, dans laquelle se trouve l'élément calcaire. Les terres humides, froides et compactes ne lui conviennent nullement. A raison de sa végétation très-précoce, il lui faut aussi l'abri contre les vents, surtout contre le vent d'Ouest. La partie

La pièce.
Fr. c.

moyenne des pentes, l'abri des vallons lui sont favorables.

**AZÉROLIER** à fruits rouges et à fruits blancs. . . . . 0 60

L'Azérolier vient à peu près à toutes les expositions, et à toutes les altitudes. Il préfère une terre forte aux terres légères.

**CERISIER**. . . . . . . . . . . . . . . . . . . . . . 0 60

— Anglaise ou Royale hâtive, *May Duke*.

L'une des cerises les plus estimées.

— Anglaise ou Royale tardive, *Cherry Duke*.

Variété à gros fruit, de la dernière saison, excellent.

— Bigarreau Napoléon.

Fruit moyen, croquant, précoce.

— Belle d'Orléans.

Fruit moyen, précoce, bonne qualité.

— Delton.

Fruit gros, demi-précoce.

— De Spa.

Fruit gros, savoureux, demi-tardif.

— Guigne précoce.

Fruit gros, fertile.

— Guigne de fer.

Fruit gros, croquant, tardif.

— Guigne noire.

Fruit gros, bon, mûr à la mi-mai.

— Griotte.

— Griotte précoce, de King.

— Holstein.

Mûr à la mi-mai, bon fruit, fertile.

— Reine Hortense.

Fruit gros, magnifique.

— Sauvigny.

— Voicery.

Les Cerisiers ne donnent des résultats passables que

La pièce.
Fr. c.

dans les régions élevées et dans les terres qui conservent leur fraîcheur pendant l'été, soit naturellement, soit à l'aide des irrigations. Aux expositions chaudes, dans les terres sèches, sur le littoral, ces arbres ne donnent pas de fruits et périssent par l'abondance de la gomme qu'ils exsudent.

**COIGNASSIER**. . . . . . . . . . . . . . . . . . . . . 0 60

— Ordinaire, fruit moyen.

A surface cotonneuse.

— De Portugal.

Fruit gros, jaune, luisant, très-odorant.

— De Mahon.

Fruit énorme, très-parfumé.

— De la Chine.

Fruit énorme, oblong, très-odorant, à chair sèche; excellent pour confitures.

Les coignassiers viennent à toutes les altitudes; ils se plaisent dans les terrains frais.

**FIGUIER**. . . . . . . . . . . . . . . . . . . . . . . 0 60

— Aubique blanche, ou Poulette longue.

Longue, moyenne, blanche, courant-août.

— Aubique grise.

Longue, petite, courant août.

— Backor.

Figue-fleur ou bifère indigène, blanche, très-hâtive.

— Barnisotte noire.

Demi-longue, grosse, août.

— Barnisotte blonde.

Ronde, moyenne, commencement d'août.

— Blavette grise.

Demi-longue, moyenne, turbinée, fin août et septembre.

— Bonafoux.

Ronde, petite, noire, commencement d'août.

— Bernardy.

Demi-longue, moyenne, violette, août et septembre.

La pièce.
Fr. c.

**FIGUIER** (*Suite*). . . . . . . . . . . . . . . . . . . . 0 60

— Bifère de l'Archipel.

Demi-longue, moyenne, violette, commencement d'août.

— Bifère blanche.

Ronde, aplatie, longuement pédonculée, très-bonne, août.

— Bourgeasotte blanche.

Ronde, moyenne, août et septembre.

— Carmous Betta.

Petite, blanche, ronde, aplatie, courant d'août et septembre.

— Col de Signora.

Très-longue, moyenne, blanche, excellente, août et septembre.

— Chearelich.

Indigène, grosse, grise, bonne, août et septembre.

— Cheamegheouar.

Indigène, grosse, violette, à long pédoncule, août et septembre.

— Cœur des Dames, gouache, linaci.

Demi-longue, grosse, blanche, courant d'août, une des meilleures.

— De Porto.

Ronde, aplatie, grosse, noire, mi-août, très-fertile.

— d'Argenteuil.

Demi-longue, grosse, blonde, août et septembre.

— De Jérusalem.

Demi-longue, blanche, courant de septembre.

— De Versailles.

Plate, moyenne, blanche fin d'août.

— De Naples.

Longue, moyenne, blanche, août.

— De Baucaire.

Plate, moyenne, blanche, mi-août.

La pièce.
Fr. c.

**FIGUIER** *(Suite)*. . . . . . . . . . . . . . . . . . . . . 0 60

— Damina.
Ronde, aplatie, noire, moyenne, août, très-bonne.

— Franchepaillarde.
Ronde, moyenne, blanche, fin août, très-bonne.

— Franciscana.
Ronde, aplatie, moyenne, grise, mi-août.

— Lusitanica.
Ronde, grosse, blanche, fin août.

— Impériale.
Ronde, aplatie, grosse, blanche, septembre.

— Moissonne Frégeri.
Ronde, grosse, blanc-gris, août et septembre, excellente.

— Moissonne noire.
Noire, ovale, violette, fin août.

— Monstrueuse.
Ronde, grosse, blanche, fin août.

— Marseillaise.
Allongée, petite, blanche, août.

— Nigerrima.
Ronde, moyenne, noire.

— Poulette blanche.

— Poulette noire.
Ronde, grosse, courant août.

— Quotidienne.
Longue, grosse, blanche, mi-août.

— Servantine blanche.
Ronde, moyenne, fin août, bonne.

— Sultane.
Oblongue, blanche, très bonne, août.

— Varrina.
Ovale, moyenne, blanche, fin août.

— Violette très grosse.
Arrondie, septembre

La pièce.
Fr. c.

**FIGUIER** (*Suite*) . . . . . . . . . . . . . . . . . . . . 0 60

— Ziza Khedem.

Grosse, noire, allongée, courant août.

Le figuier est l'arbre fruitier le plus répandu en Algérie, surtout dans le Tell; de temps immémorial il est cultivé par les indigènes. On le rencontre dans les montagnes comme dans les plaines. Ses fruits séchés sont d'une grande ressource alimentaire pour les Kabyles. Cet arbre, dont les racines sont longues et puissantes, demande une terre calcaire profonde.

**GRENADIER** à gros fruits doux. . . . . . . . . . . . 0 60

Cet arbrisseau n'est pas délicat, cependant il ne donne de beaux et bons fruits que dans des jardins où il puisse être arrosé.

**HOVENIA** à fruits doux, *Hovenia dulcis*, TH. . . . . . . 1 25

Arbre du Japon, à rameaux étalés, à feuilles caduques. Le produit de cet arbre se constitue dans les pédoncules des fleurs, qui se tuméfient, deviennent charnues et sont, étant mûres, d'une saveur agréable, rappelant celle du raisin de Corinthe. Bonne terre de jardin, irrigation pendant l'été.

**JUJUBIER** cultivé. . . . . . . . . . . . . . . . . . . 0 60

Le jujubier n'est pas délicat, il est incommode par ses épines et par ses nombreux drageons, et à raison de cela on le relègue, comme arbre à fruit, dans les coins les moins fréquentés. On le fait entrer aussi dans la composition des haies.

**MURIER** à fruits noirs. . . . . . . . . . . . . . . . . 0 60

— à fruits rouges du Canada, *Morus rubra*, MICH. . . 0 60

Le mûrier noir se plante, le plus souvent, dans le voisinage des habitations. Les enfants raffolent de son fruit. Cet arbre brave volontiers la sècheresse, cependant il demande des soins pendant sa jeunesse; sa transplantation est délicate et exige des précautions.

**NOISETTIER** avelinier. . . . . . . . . . . . . . . . . 0 50

Les noisettiers ne donnent de bons résultats que dans les endroits élevés, frais et à demi ombragés.

La pièce.
Fr. c.

**NOYER** ordinaire . . . . . . . . . . . . . . . . . . 0 75

Cet arbre, qui est susceptible de prendre les plus grandes dimensions, veut une terre profonde qui ne soit ni marécageuse, ni compacte. Dans les montagnes de la Kabylie, comme dans l'Aurès, les indigènes récoltent des noix d'excellente qualité. Les indigènes vendent sur leurs marchés des petits paquets de jeune écorce de noyer qu'ils mâchent pour se rendre les dents blanches et les entretenir en bon état.

**PÊCHER** admirable jaune . . . . . . . . . . . . . . . 0 60

— Belle Beauce.

Arbre fertile, fruit gros, excellent, mûrit au commencement de juillet.

— Belle de Vitry.

Fruit moyen, de bonne qualité, mûrit en juillet.

— Belle garde.

Fruit moyen, mûrit en septembre.

— Bourdine.

Fruit moyen, mûrit en août.

— Brugnon romain, pêche lisse.

Parfumée, mûrit en septembre.

— Chancelière.

Fruit gros, bon, en août.

— Du Pô.

Fruit moyen, bonne qualité.

— Cardinal de Furstemberg.

Fruit énorme, bonne qualité.

— Grosse mignonne.

Fruit superbe, excellent.

— Grosse montagne de Hollande.

Fruit gros, bonne qualité.

— Incomparable.

Fruit très-gros, bon, mi-septembre.

— Madeleine de Courson.

Beau fruit, bonne qualité, mi-juillet.

La pièce.
Fr. c.

**PÊCHER** *(Suite)* 0 60

— Pourprée tardive.

Fruit moyen, septembre.

— Royale.

Fruit moyen, tardif.

— Téton de Vénus.

La meilleure des pêches tardives.

Le pêcher veut de l'abri contre les vents et les variations de températures; l'exposition de l'Est est celle qui lui convient le mieux; une bonne terre calcaire, profonde, à sous-sol perméable. Le pêcher, nonobstant tous les soins, ne donne de bons produits que pendant trois ou quatre ans; passé ce temps, l'arbre se couvre de chancres, les fruits deviennent petits et remplis de larves d'insectes. Il faut donc chaque année planter un certain nombre de jeunes pêchers, qui succèdent aux autres, pour entretenir une plantation qui soit constamment en bon état de production. On conserve les pêchers un peu plus longtemps en les disposant en espaliers et en les soumettant à une taille appropriée, mais ce mode de culture demande des soins qu'il n'est pas toujours possible de donner.

**PLAQUEMINIER** du Japon, figue Kake, *Diospyros kaki*. 1 25

— à feuilles velues, *D. pubescens*. . . . . . . . . . 1 25

Le Plaqueminier du Japon est un petit arbre à beau feuillage. Il donne un fruit du volume d'un très-gros abricot, qui ne doit être mangé que parfaitement mûr et mou; il est alors délicieux, c'est une marmelade toute faite. Il faut le soumettre à une taille légère en le débarrassant de ses branches superflues, afin que les fruits acquièrent tout leur développement. Bonne terre de jardin, profonde, irrigation pendant l'été.

Le Diospyros pubescens devient un grand arbre; ses fruits sont moins gros et moins estimés que ceux du Plaqueminier du Japon.

**POIRIER** . . . . . . . . . . . . . . . . . . . . . . 0 60

— Beurré d'Aremberg.

Arbre fertile, fruit moyen, bon, chair fondante fine.

— Beurré gris.

Fruit gros, chair fondante, bonne qualité.

Fr. c.

**POIRIER** *(Suite)*. . . . . . . . . . . . . . la pièce. . 0 60

— Beurré gris d'hiver nouveau, *B. de Luçon.*

Arbre fertile, fruit assez gros, bon, chair mi-fondante.

— Beurré Diel ou magnifique.

Fertile, fruit très gros, bon, chair mi-fine et mi-fondante.

— Beurré d'Amanlis.

Arbre très fertile, fruit gros, bon, chair mi-fondante parfumée.

— Beurré d'Angleterre.

Fertile, fruit moyen, allongé, chair mi-fondante, parfumée.

— Beurré Clairgeau.

Arbre très-fertile, fruit très-gros, assez bon, chair juteuse, mi-fondante.

— Beurré Goubault.

Fruit moyen, chair tendre, bonne qualité, arbre fertile, mi-saison.

— Bergamotte de Bruxelles.

Arbre fertile, fruit gros, chair mi-fine, mi-fondante.

— Bergamotte d'été.

Arbre fertile, fruit moyen, bon, chair mi-fondante.

— Bon chrétien d'été.

Arbre vigoureux, fertile, fruit gros, chair demi-fondante, très-parfumée.

— Citron des Carmes.

Fruit moyen, chair demi-ferme, très-précoce.

— Cuisse madame ou épargne.

Fruit moyen, allongé, chair fondante, parfumée, bonne variété, précoce.

— Crassane (Bergamotte).

Fruit moyen, arrondi, chair tendre, parfumée.

— Doyenné blanc.

Arbre fertile, fruit moyen de bonne qualité, fondant, mi-précoce.

Fr. c.

**POIRIER** (*Suite*)................ la pièce.. 0 60

— Doyenné gris.

Arbre fertile, fruit moyen, très-bon, fondant.

— Duchesse d'Angoulême.

Arbre fertile, fruit très-gros, mi-fondant.

— Excellentissime.

— Fondante des bois.

Arbre fertile, fruit gros, assez bon, mi-fondant demi-précoce.

— Louise bonne d'Avranches.

Très-fertile, fruit assez gros, très-bon, chair fine, fondante.

— Joséphine de Malines.

Fruit moyen, bon, chair demi-fondante, juteuse.

— Triomphe de Jodoigne.

Arbre fertile, fruit gros, bon, chair mi-fine, fondante.

— Royale d'été.

Très-précoce, qualité secondaire, très-fertile, fruit cassant, petit.

— Williams ou bon chrétien Williams.

Arbre très-fertile, fruit gros, très-bon, très-parfumé, demi-précoce.

Les Poiriers ne donnent, le plus souvent, que de médiocres résultats sur le littoral; ils y souffrent de la chaleur prolongée, et du peu d'abaissement de température pendant l'hiver; leur repos n'y est pas assez absolu, presque toujours ils font, à l'automne, une seconde floraison qui les énerve.

Dans les régions plus élevées, où les hivers sont plus prononcés, où il tombe chaque année de la neige, ils donnent des résultats très-satisfaisants, et des fruits réellement délicieux.

Dans tous les cas, le Poirier ne doit pas endurer la sécheresse; il faut d'abord défoncer profondément la terre où on le plante, et si cette terre ne conserve pas assez de fraîcheur pendant l'été, il faut irriguer. Le Poirier veut une terre profonde, plutôt forte que légère. Les variétés à fruits précoces ou d'été donnent de meilleurs résultats que celles à fruits d'hiver. On n'a donné, ci-dessus, que les variétés qui ont le mieux réussi.

| | | Fr. c. |
|---|---|---|
| **POMMIER** greffé sur franc . . . . . . . . . | la pièce | 0 60 |
| — greffé sur paradis . . . . . . . . . . . . . . | | 0 60 |

— Apis.

Arbre fertile, fruit petit, très-joli, de saveur agréable et de longue garde.

— Apis gros.

Fruit plus gros que le précédent.

— Chataignier.

Fruit moyen, coloré, assez bon, de conserve.

— Calville blanche.

Fruit gros, excellent.

— Calville rouge.

Fruit assez gros, bon, de bonne conservation.

— Calville impériale.

— Fenouillet gris.

Arbre très-fertile, fruit petit, bon, de conservation facile.

— Fenouillet jaune.

Assez fertile, fruit petit, bon, de conserve.

— Postophe d'hiver.

Arbre fertile, fruit gros, de qualité passable, excellent pour cuire.

— Rambourg franc ou d'été.

Arbre fertile, fruit très-gros, bon.

— Rambourg d'hiver.

Arbre très-fertile, fruit gros, de bonne qualité.

— Ribston pippins.

Fruit moyen, de bonne qualité, de garde.

— Pépin d'or.

Arbre fertile, fruit moyen, excellent.

— Reinette du Canada.

Arbre fertile, fruit très-gros, très-bon, de conservation facile, l'une des plus belles et des meilleures pommes.

Fr. c.

**POMMIER** (*Suite*) . . . . . . . . . . . . . . la pièce . . 0 60

— Reinette du Canada grise.
Fruit gros, bon, facile à conserver.

— Reinette du Canada blanche.
Même propriété que la précédente.

— Reinette franche ordinaire.
Arbre fertile, fruit moyen, très-bon, de longue garde.

— Reinette grise.
Arbre fertile, fruit gros, bon, facile à conserver.

— Reinette de Grandville.
Arbre très-fertile, fruit gros, bon, d'automne.

— Reinette de Caux.
Arbre fertile, fruit assez gros, de garde, excellent pour cuire.

— Reinette dorée.
Arbre fertile, fruit moyen, bon, pour l'automne.

— Reinette de Versailles.
Arbre fertile, fruit assez gros, bonne variété.

— Reinette de Douai.

— Reinette de Hollande.
Fruit gros, de bonne qualité, chair tendre.

— Reinette d'Amérique.
Fruit gros, à chair tendre.

— Reinette de Hongrie.

Le Pommier réussit un peu mieux que le Poirier dans les basses altitudes algériennes; il lui faut une terre argilo-calcaire, substantielle et surtout fraîche pendant l'été. Les variétés, dites Reinettes, sont celles qui donnent les meilleurs fruits à manger et doivent généralement être préférées. Les Pommiers greffés sur paradis, qui restent nains, que l'on taille en gobelet, en buisson, en cordon, sont ceux qui donnent les plus beaux fruits et qui conviennent le mieux pour les jardins de peu d'étendue.

Fr. c.

**PRUNIER** . . . . . . . . . . . . . . . . la pièce . . 0 60

— d'Agen.

Arbre fertile, fruit gros, violet, ovoïde, bon à cuire et à sécher en pruneaux.

— Damas de Prague.

— blanc.

— de Tours.

— violet.

Fruit petit, ovoïde, chair adhérente, hâtif, fruit pour table et pour cuire.

— Damas gros de Maugeron.

Fruit gros, violet, rond, chair adhérente, bon pour la table.

— de Laghouat.

Fruit gros, allongé, jaune, plein de jus.

— de Montfort.

— Fellemberg.

Fruit gros, pourpre, pour la table.

— Jaune hâtive.

Arbre fertile, fruit moyen, allongé, pour la table.

— Kirkès.

Fruit gros, pourpre, arrondi, pour la table.

— Monsieur, hâtif.

Arbre fertile, fruit gros, rond, violet.

— Mirabelle rose.

Arbre très-fertile, fruit petit, jaune rosé, excellente, surtout pour confitures.

— Quetsche d'Italie.

Arbre très-fertile, fruit gros, ovale, violet, pour cuire.

— Quetsche de Brême.

— Reine-Claude.

Arbre vigoureux et fertile, fruit gros, rond, jaune-verdâtre, rouge du côté du soleil, excellent, la meilleure de toutes les prunes.

La pièce.
Fr. c.

**PRUNIER** (*suite*) . . . . . . . . . . . . . . . . . . . . 0 60

— Royale de Tours.

Fruit gros, allongé, violet, bon à sécher.

— Surpasse Monsieur.

Arbre fertile, fruit gros, violet, pour la table.

Le Prunier n'est pas précisément délicat sous le rapport du sol, pourvu que celui-ci soit profond, un peu frais et pas trop compact. Il donne de meilleurs résultats dans les altitudes un peu élevées que sur les terres basses du littoral. Dans le Hamma de Constantine, qui est un territoire abondamment arrosé et boisé, on remarque de vastes vergers, composés de grands pruniers, haute tige, de la variété Reine-Claude et dont les fruits sont exquis. Ces vergers ont été plantés par les indigènes, il y a un siècle au moins.

**VIGNE POUR RAISIN DE TABLE** enracinée de 2 à 3 ans. . . . . . . . . . . . . . . . . . . . . . . 0 25

— Alicante.

Plant fertile, grappe moyenne, serrée, grain moyen, ovoïde, noir, très sucré à maturité.

— Bourret blanc.

— Barberoux, Barbarossa.

Grappe moyenne, péduncule mince et long, grain serré légèrement oblong.

— Chasselas blanc.

Grappe grande, grain moyen, un peu allongé.

— Chasselas doré ou de Fontainebleau.

Grappe moyenne, un peu allongée, grain rond, jaune-doré.

— Chasselas rouge.

Grappe moyenne, un peu allongée, grain moyen, rond, rose d'un côté, bleu de l'autre ou tout rose, croquant, sucré, agréable.

— Chasselas rose.

Grappe moyenne, un peu allongée, grain moyen, rond, d'un beau rose, peu serré, croquant, excellent.

— Chasselas gris.

Grappe moyenne, grain rond, moyen.

Fr. c.

**VIGNE POUR RAISIN DE TABLE** (*Suite*). la pièce.. 0 25

— Chasselat violet.

Grappe moyenne, allongée, grain rond, moyen, d'un rose foncé changeant, croquant, relevé.

— Chasselas ciouta, Cileta, à feuilles lacinées, raisin grec.

Grappe petite, grêle, grain ovoïde, d'un blanc jaunâtre, sucré.

— Corinthe blanc.

Grappe moyenne, très allongée, grain très-petit, rond, jaune ambré, transparent, très sucré, qualité délicieuse.

— Corinthe bleu ou noir.

Même forme que le précédent, mais d'abord bleuâtre et devenant noir à maturité.

— Cornichon violet ou bleu.

Grain allongé, recourbé au bout, chair ferme, croquante, peu juteuse.

— Clairette ou blanquette.

Grappe allongée régulière, conique, grain oblong, demi-transparent, ferme, goût agréable et relevé.

— Dolceto.

Grappe assez grosse, pyramidale, grain moyen, oblong, d'un beau noir, serré, sucré, croquant.

— Damas violet.

Grappe grosse, ailée, grain très-gros, ovoïde, rouge-violet, foncé, eau abondante, sucrée.

— des Dames, Panse jaune, Occhidi, Bicane.

Grappe très ample, grain très gros, jaune-ambré, saveur douce, agréable, mais peu relevé.

— Frankental.

Grappe grosse allongée, grain gros, noir foncé à maturité, croquant, sucré, relevé.

— Gros raisin des Pages.

— Grenache.

Grappe noire, conique, régulière, grain noir un peu bleu, oblong.

Fr. c.

**VIGNE POUR RAISIN DE TABLE** (*Suite*). la pièce.. 0 25

— Isabelle.

Grappe petite, serrée, grain moyen, noir bleuâtre, à saveur particulière, imitant le goût du cassis. Variété américaine, aux sarments très longs, donnant deux produits par an.

— Joannenc ou Saint-Jean blanc.

Grappe moyenne, lâche, grain assez gros, ovoïde, jaune doré, ambré, croquant, sucré, précoce.

— Morillon noir ou Madeleine.

Grappe petite, courte, grain petit, serré, violet-noir, peau dure, croquant, sucré, précoce.

— Malaga rose, grosse perle rose.

Grappe longue, gros grain, oblong, excellente qualité.

— Malaga blanc.

— Muscat d'Alexandrie, Muscat romain, Panse musquée.

Grappe très grosse, très longue, grain gros, ovoïde, jaune-doré, ambré, peu serré, croquant, succulent, sucré, musqué.

— Muscat noir à petit grain.

Grappe petite, grain petit, légèrement ovoïde, noir, sucré, musqué, relevé.

— Muscat noir à gros grain.

Grappe moyenne, grain moyen, un peu ovoïde, noir, serré, chair un peu rouge, musqué.

— Muscat blanc.

Grappe assez grosse, allongée, presque cylindrique, grain assez gros, déprimé, blanc ambré, picoté du côté du soleil, grain croquant, sucré, parfumé.

— Muscat rouge.

Grappe moyenne, allongée, grain moyen, rond, rouge-pourpre du côté du soleil, plus pâle du côté de l'ombre, chair ferme, parfumée, agréable.

— Malvoisie rouge.

Grappe longue, ailée, grain gros, plein, eau sucrée et agréable.

Fr. c.

**VIGNE POUR RAISIN DE TABLE** *(Suite)*. la pièce.. 0 25

— Malvoisie allongé ou à gros grain.

Grappe grosse, ailée, allongée, grain gros, olivoïde, blanc-doré, espacé, croquant, sucré, parfumé, excellent.

— Nebbiolo.

Fertile, grappe composée, grain rond, moyen, vert-jaune à maturité, rempli d'un suc doux.

— Olivette blanche.

Grappe lâche, grains rares et écartés, ovoïdes, transparents, saveur riche.

— Olivette noire.

Grappe grande, peu serrée, grains très gros et très allongés, chair ferme, peu juteuse, saveur agréable.

— Planta de Mula.

— Pinot noir.

Grappe petite, tassée, irrégulière, grain petit, rond, serré, noir velouté, très-doux, sucré, juteux.

— Pinot blanc.

Grappe petite, allongée, grain petit, arrondi, peu serré, doré, ponctué de brun, doux et sucré.

— Pinot gris.

Grappe petite, tassée, courte, grain petit, arrondi, gris rose, d'un goût exquis.

— Pinot cendré ou fleuri.

Grappe petite, très courte, grain petit, presque rond, rose-pâle, couvert de pruine, sucré, onctueux.

— Panse grosse, commune.

Grappe énorme, peu sucrée, grain gros, allongé, vert-jaune, chair ferme.

— Sauvignon.

Grappe grosse, ailée, grain gros, rond, peu serré, d'un jaune pâle, goût agréable.

— Spiran noir.

Grappe moyenne, grain écarté, oblond, goût fin.

— Ulliade noire.

Très fertile, grappe grosse, lâche, grain oblong, noir, croquant, à pellicule fine, saveur agréable.

Fr c.

**VIGNE POUR RAISIN DE TABLE** (*Suite*). la pièce.. 0 25

— Verjus ou Bourdelas, Poumestré, Brumestre, Aygras, Bumesta.

Grappes énormes, grains gros, oblongs, verdâtres, saveur plate.

VARIÉTÉS INDIGÈNES.

— Ah'meur bou Ah'meur.

Grappe grande, allongée, grain gros, ovoïde, rouge. chair croquante.

— Cherchali.

Grappe grosse, grain arrondi, bleuâtre, juteux, sucré.

— El-oued Zitoun noir.

— blanc.

— Ferana.

Grappe grande, grain rond, vert-jaune, sucré, mielleux.

— Lekh'al.

Grappe moyenne, grain petit, noir.

— Liada.

Grappe grande, grain rond, jaune transparent, parfumé.

— Plant de Dellys.

Grappe allongée, lâche, grain oblong, transparent, très sucré.

— Zizet-es-Suassa.

Grappe grande, grains très allongés, gros, croquant.

Les vignes à raisin de table se cultivent en treilles ou en touffes basses. On a remarqué que sous cette dernière forme elles sont moins attaquées de la maladie. Les gros raisins de la tribu des Panses, tels que la Panse commune, la Panse musquée ou Muscat d'Alexandrie, la Panse jaune ou raisin des Dames, sont ordinairement plus fertiles étant greffés ; le meilleur sujet à leur donner est le Muscat ordinaire. Ces variétés à très gros bois veulent être taillées longues, pour donner des produits.

La pièce.
Fr. c.

BOUTURES DES ESPÈCES ET VARIÉTÉS FRUITIÈRES PRÉCÉDENTES.

**FIGUIER**, boutures longues, le cent, 6 fr. . . . . . . . 0 06

**COIGNASSIER**, boutures le cent, 4 fr. . . . . . . . . . 0 04

**GRENADIER**, boutures le cent, 4 fr. . . . . . . . . . 0 04

GREFFES.

**Poirier, Pommier, Pêcher, prunier, Azérolier, etc.**

Rameaux pour écusson ou pour fente, le cent, 5 fr. . . 0 05

## ARBRES FRUITIERS TOUJOURS VERTS.

**BANANIER** ordinaire, ou des Sages (*Musa sapientum*, LIN). . . . . . . . . . . . . . . . . 0 50

— à gros fruits, Bananier du Paradis, figuier d'Adam (*Musa Paradisiaca*. LIN.) . . . 0 50

— Nain, de la Chine (*Musa Sinensis*, Sw.) . 0 75

Les Bananiers ne réussissent bien, en Algérie, que sur le littoral et à peu d'élévation au-dessus du niveau de la mer. Il faut aux Bananiers l'abri complet contre les vents violents, une exposition aussi chaude que possible, un sol bien défoncé, fortement fumé et des irrigatious abondantes pendant l'été. Le Bananier nain pousse très vigoureusement, mais la plupart du temps ses fruits avortent,

**CAROUBIER** à siliques, *Ceratonia Siliqua*. . . . . . . 2 50

Le Caroubier est un des beaux arbres naturels à l'Algérie. Outre son épais ombrage, il donne en abondance des gousses appelées *Caroubes*, dont la pulpe est sucrée et qui sont une précieuse ressource pour la nourriture du bétail. On les distille aussi avec avantage pour en tirer de

La pièce.
Fr. c.

l'alcool. L'industrie a torréfié les gousses et les graines du Caroubier, pour en faire un succédané du café auquel elle a donné le nom de *Carouba*.

La transplantation du Caroubier doit se faire en motte ; la fin de février ou le commencement de mars, est le moment de l'année le plus favorable pour cette opération.

## ORANGERS ET CONGÉNÈRES

POUR LA GRANDE CULTURE

**CÉDRATIER**, *Citrus Medica*. . . . . . 1er choix. . . 2 25
— — 2me choix. . . 1 60

De Coléah ou Poncire, *C. M. Tuberosa.*

De Florence, *C. M. Florentina.*

De Naples, *C. M. Napolitana.*

Des Juifs, *C. M. Judœana.*

Gros digité, de Blidah, *C. M. Digitata.*

**CITRONNIER** ou **LIMONIER** (*Citrus limonium*, Riss), greffé de 1m à 1m20 du sol . . . 1er choix. . . 2 50
— — 2me choix. . . 1 60

Ordinaire, C. L. *Vulgaris.*

De Valence ou d'Espagne, C. L. *Hispanicum.*

De Valence, sans pépins, C. L. *H. Aspermum.*

**LIMETTIER** ou citron doux (*Citrus Limetta*), greffé, haute tige, comme ci-dessus. . . 1er choix. . . 2 50
— — 2me choix. . . 1 60

Ordinaire, *C. L. Vulgaris.*

De Malte, *C. L. Melitense.*

Lumie-merveille d'Espagne, C. L. *Lumia Mirabilis.*

**ORANGER** à fruit doux (*Citrus Aurantium*, Riss), greffé de 1m à 1m20 du sol . . . . . 1er choix. . . 2 50
— — 2me choix. . . 1 60

Fr. c.

**ORANGERS** *(suite)*.

De Blidah, ou orange franche, C. A. *Vulgare*.
De Malte, à fruit rond, C. A. *Melitense globosum*.
De Malte, gros fruit, C. A. *Melitense Maximum*.
De Malte, à fruit ovale, C. A. *Melitense ovatum*.
A fruit sanguin, C. A. *Hierochunticum*.
Du Portugal, C. A. *Lusitanicum*.
Du Portugal, rouge, C. A. *Lusitanicum rubrum*.
De Porto-Rico, C. A. *Portoricensis*.
D'Otaïti, C. A. *Otaïtense*.
Mandarin, *Citrus Nobilis*, Lour.
Mandarin ordinaire, C. N. *Mandarina*.

## ORANGERS ET CONGÉNÈRES.

POUR COLLECTIONS

Greffés à 0m30, 0m40 centimètres du sol, fortes têtes, la pièce. . . 2 00

**CÉDRATIER,** *Citrus medica*.

Digité de Blidah, *C. M. Digitata*.
De Naples, *C. M. Neapolitana*.
De Malte, *C. M. Melitensis*.
Poncire, *C. M. Tuberosa*.
De Florence, *C. M. Florentina*.
Limon-Cédrat, *C. M. Limoniformis*.
Monstrueux de la Chine, *C. M. Sinensis*.
Des Juifs, *C. M. Judœana*.

**LIMONIER** ou **CITRONNIER,** *Citrus limonium*.

De Valence ou d'Espagne, *C. L. Hispanium*.
De Valence, sans pépins, *C. L. H. aspermum*.
Du Para, *C. L. Parensis*.

**LIMONNIER** ou **CITRONNIER** (*Suite*).

De Naples, *C. L. Neapolitanum.*

De Malte, *C. L. Melitense.*

Sanguine, *C. L. Sanguinea.*

Cardinal, *C. L. Cardinalis.*

Peretonne, Perrette de Saint-Domingue, *C. L. Peretta.*

De Grenade, *C. L. Granalensis.*

Hérisson, *C. L. Hystrix.*

Du Brésil, *C. L. Brasiliensis.*

**LIMETTIER,** *Citrus Limetta.*

De Naples, *C. L. Neapolitana.*

Pomme d'Adam, *C. L. Pommum Adami.*

Bergamottier de Naples, *C. L. Bergamia Neapolitana.*

Bergamottier, Melarosa, *C. L. Bergamia Melarosa.*

Lumie Merveille d'Espagne, *Citrus Lumia Mirabilis.*

Lumie poire du Commandeur, *Citrus Lumia pyriformis.*

**ORANGER** à fruit doux, *Citrus Aurantium*, Oranger de Malte, *C. A. Melitense.*

— de Malte, à fruit ovale, *C. A. M. Ovatum.*

— à fruit sanguin, *C. A. Hierochunticum.*

— du Portugal, *C. A. Lusitanicum.*

— du Portugal rouge, *C. A. L. rubrum.*

— de Risso, *C. A. Rissæanum.*

— d'Otaïti, C. A. *Otaïtense.*

— du Brésil, C. *A. Brasiliense.*

— Turc, C. *A. Lunatum.*

Oranger de Porto-Rico, C. *A. Portoricensis.*

— de Blidah ou franc, C. *A. Vulgare.*

— Mandarin, *Citrus Nobilis*, Lour.

La pièce
Fr. c.

**BIGARADIER,** *Citrus Vulgaris.*

Bigaradier franc, C. *V. Bigaradia.*

Bigaradier à feuilles de saule, C. *V. Salicifolia.*

— à gros fruit, C. *V. Bigaradia maxima.*

— hermaphrodite ou cornu, C. *V. Hermaphrodita*

— Riche dépouille, C. *V. Crispifolia.*

— Chinois, C. *V. Sinensis.*

— Chinois à feuilles de myrte, C. *V. Myrtifolia.*

**POMPELMOUSSE,** *Citrus Decumana.*

Pompelmousse gros, pompoléon, C. *D. Pompelmos.*

— Chadeck, C. *D. Chadock.*

— Ordinaire, C. *D. Vulgaris.*

La région où prospère l'Oranger en Algérie et où il donne de bons et abondants produits se trouve comprise entre 200 et 400 mètres d'altitude suprà marine. A peu d'élévation au-dessus de la mer, sa croissance est lente, et il ne prend que des proportions médiocres : au-dessus de 400 mètres, il commence à souffrir du froid.

Il faut à l'Oranger l'abri des vents, un sol très fertile, profond, perméable, et de très abondantes irrigations pendant la saison chaude. Les terres compactes et humides ne lui conviennent nullement.

**NÉFLIER DU JAPON,** bibacier, *Eriobotrya japonica,* LINDL.

Néflier du Japon, hauteur 1 m 50 et plus, têtes très-fortes . . . . . . . . . . . . . . . . . . 2 25

Néflier à gros fruits, greffé . . . . . . . . . . . 2 75

Grand arbrisseau dont le feuillage est ample et superbe, dont les fleurs ont la suave odeur de l'aubépine, et dont les fruits pleins de jus très agréable ont le mérite de mûrir de bonne heure au printemps et à une époque où les autres fruits manquent.

La pièce.
Fr. c.

La variété à gros fruits est moins fertile, plus tardive, mais les fruits sont plus volumineux que dans le type primitif. Il est probable que des semis faits successivement auront pour résultat de créer de nombreuses variétés comme dans les autres espèces d'arbres fruitiers.

**OLIVIER**, *Olea sativa*, LIN., 1er choix . . . . . . . . . 2 25
2me choix . . . . . . . . . 1 00

Caillon du Var, Provence.
De Colias, Provence.
De Judolcire, Toscane.
A gros fruits, de Constantine.
Frantoje, Toscane.
Poncineri, Nice.
Premeirenck, Nice.
Razzera, La Spezzia.
Razola, La Spezzia.
Saurine, Provence.
Tagiasca, Port-Maurice, Gênes.

Bien que la station de l'Olivier en Algérie s'étende depuis le niveau de la mer jusqu'à 800 mètres environ d'altitude, ce n'est cependant que dans la partie moyenne de cette station qu'il a donné, jusqu'ici, des produits abondants et lucratifs. Dans le Sahel d'Alger et aux environs, la récolte des olives avorte souvent et les arbres sont attaqués par divers insectes, les feuilles se couvrent de fumagine. Lorsque les Oliviers y sont soumis à l'irrigation, ils sont plus vigoureux et exempts de la plupart de ces inconvénients. A Tlemcen, les oliviers sont arrosés et ils y donnent des récoltes abondantes. Dans le Hamma de Constantine, la plupart des Oliviers sont également arrosés. C'est dans les vallées de la Kabylie que l'Olivier est exploité avec un plein succès. Aux environs de Guelma, les colons européens greffent les Oliviers sauvages sur une grande échelle et dans cette contrée, leurs efforts sont couronnés de succès. Au bout de trois ans, leurs greffes sont déjà couvertes de magnifiques olives. L'Olivier est par trop délaissé et on a tort de ne pas lui donner des soins appropriés partout où on le rencontre.

La pièce.
Fr. c.

GREFFES.

**Oranger, Citronnier, Olivier, etc.**

Rameaux pour écusson et pour fente, le cent, 5 fr. 0 05

La saison la plus favorable, pour transplanter ces arbres fruitiers à feuilles persistantes, est la fin de février et le commencement de mars. La reprise des Caroubiers, Orangers, Citronniers et Néfliers du Japon, ne s'effectue d'une manière régulière qu'autant qu'on les enlève en motte.

# ARBRES FRUITIERS DES TROPIQUES

## ET DES RÉGIONS TEMPÉRÉES

### ÉLEVÉS EN POTS.

**AVOCATIER**, *Persea gratissima*, GAERTN., la pièce. . . 5 00
la douzaine. . 50 00

Arbre de 12 à 15 mètres, de l'Amérique tropicale, répandu aux Antilles et à l'Ile de la Réunion. Le fruit a la forme d'une très grosse poire et est communément appelé: *Poire d'avocat*, corruption d'*Awocatès*, nom que lui donnent les *natifs* de l'Amérique méridionale. La chair de ce fruit est fondante, butyreuse, d'une saveur rappelant celles de la noisette et de la pistache réunies, et renferme un noyau unique, volumineux. Culture sur le littoral, exposition chaude et bien abritée, terre profonde, perméable, substantielle, arrosements pendant l'été.

**CHÉRIMOLIA**, *Anona Cherimolia*, MILL., la pièce. . . 1 50
la douzaine. . 15 00

Arbrisseau de 4 à 5 mètres, à grandes feuilles ovales.

Fr. c.

Fruit volumineux, à pellicule verte, ayant à peu près la forme d'un cône de pin pignon. La chair est excellente, fondante, d'une saveur agréable, rappelant une crême parfumée. Culture sur le littoral, lieu abrité; un peu ombragé, un peu frais, terre profonde et substantielle.

**COOKIA PUNCTATA**, SONNER., *Wampi des Chinois*, la pièce . . . . . . . 3 00

Arbrisseau de la famille des orangers, haut de 4 à 5 mètres, originaire de la Chine méridionale et des Moluques. Il se couvre de nombreuses grappes de fruits, semblables à de petites oranges, de la grosseur d'un œuf de pigeon, lesquels contiennent chacun une graine, mais très souvent cette graine avorte. Ces petits fruits ont une saveur très relevée, comme la plupart des fruits des tropiques. Les Chinois les estiment beaucoup et l'art de la confiserie doit pouvoir en tirer un excellent parti. Culture sur le littoral, à bon abri, terre profonde, substantielle, irrigations pendant l'été.

**EUGENIA MICHELII**, LAM., *Eugenia uniflora*, LIN.

la pièce . . . . . . . 1 00

la douzaine . . . . . 10 00

Arbrisseau du Brésil, appelé aux Antilles *Cerisier de Cayenne*, et *Roussaillier* à l'Ile de la Réunion. Donne de jolis fruits en baies écarlates, cannelés, du volume d'une grosse cerise, d'une saveur sucrée, aigrelette, aromatisée. Culture sur le littoral, terre substantielle, arrosements pendant l'été.

**GOYAVIER** ordinaire, *Psidium pyriferum*, LIN.

la pièce . . . . . . . 1 00

la douzaine . . . . . 10 00

Arbrisseau de toute la zone tropicale. Il produit en très grande abondance des fruits de la forme et du volume d'une moyenne poire. Ces fruits ont la pellicule jaune, la chair rouge, très parfumée. On les mange crus et on en fait des compotes et des gelées excellentes.

**GOYAVIER DE CATTLEY**, *Psidium Cattleyanum*, SAB.

la pièce . . . . . . . 1 00

la douzaine . . . . . 10 00

Arbrisseau de la Chine, qui se charge chaque année d'une multitude de fruits pyriformes, de la grosseur d'un œuf de pigeon, de couleur jaune, d'un goût agréable et

Fr. c.

propre à faire des confitures, culture facile dans les jardins.

**GOYAVIER DE LA CHINE**, *Psidium Sinense*, Lod.
la pièce. . . . . . . 0 75
la douzaine. . . . . 7 50

Arbrisseau dont les fruits ont les mêmes propriétés que les précédents, mais sont de couleur rouge vineux à l'extérieur et sont plus savoureux.

**JAMLONGUE**, *Syzygium Jambolanum*, la pièce. . . . 1 00
la douzaine . . 10 00

Arbre touffu, de la famille des myrtes, originaire de l'Inde, s'élevant de 5 à 7 mètres. Il est connu dans les colonies sous le nom vulgaire de *Jamlongue*. Les feuilles sont ovales, allongées, épaisses, coriaces, d'un beau vert; l'ensemble du feuillage est admirable. Il produit à la fin de l'automne un fruit de la grosseur d'un œuf de pigeon, pyriforme, à peau d'un beau rouge, et dont la chair, ayant la saveur aromatisée de la plupart des fruits des tropiques, est néanmoins agréable à manger.

Le Jamlongue veut ici une exposition chaude, l'abri du vent d'ouest, une terre perméable, fertile, et de l'humidité pendant la saison la plus chaude.

**NÉFLIER DU JAPON**, Bibacier, *Eriobotrya Japonica* (voir la note, page 49.) . . . . . . . . . . . . . . . 1 00

# PALMIER, DRACŒNA, PANDANUS

## ET AUTRES VÉGÉTAUX MONOCOTYLÉDONÉES ORNEMENTALES.

### ÉLEVÉS EN POTS.

La pièce.
Fr. C.

**AGAVE** vivipara, Lin., fortes plantes élevées en pleine terre . . . . . . . . . . . . . . . . . 2 00

La pièce.
Fr. c.

**AGAVE** (*Suite*).

— Americana variegata, à feuilles bordées de jaune, fortes plantes . . . . . . . . . . . . . . . . . 2 00
— Mexicana, LAM., fortes plantes. . . . . . . . . . 2 00
— Brachystachys, CAV., *Mexique* . . . . . . . . . 2 00
— Densiflora, HOOK., fortes plantes. . . . . . . . . 5 00
— Salmiana, HORT., fortes plantes. . . . . . . . . 5 00
— Angustifolia, HAW., fortes plantes. . . . . . . 5 00
— Coccinea, HORT., fortes plantes. . . . . . . . 5 00

**BROMELIA** sceptrum, FZL., du Brésil, fortes plantes de force à fleurir, la pièce. . . . . 3 00
la douzaine . . . 30 00

Magnifique Bromeliacée rustique et d'une culture facile. Les feuilles centrales, aux approches de la floraison, sont d'un beau rouge vif. La hampe, haute de 80 centimètres, est garnie de nombreuses fleurs tubuleuses, de couleur lilas tendre.

**CHAMAEROPS** humilis, LIN., *Palmier nain*, de semis.
la pièce. . . . . 1 00
les 50 . . . . . . 45 00
Forts, hauteur au-dessus du pot 0m 30 à 0m 60, 7 à 8 feuilles, la pièce . . . . 12 00
— tomentosa, jeunes plantes, la pièce. . . . . 2 50
la douzaine . . . 25 00

Magnifique espèce, dont le tronc s'élève rapidement, feuilles larges, tomenteuses, portées par des pétioles raides, longs d'un mètre.
Palmier rustique de l'Himalaya.

**CORDYLINE** congesta; STEUD, de la Nouvelle-Hollande, 1er choix, . la pièce. . . . . 1 50
Hauteur des feuilles, 0m 30 à 0m 40,
la douzaine. . . 15 00
— id. jeunes plantes, la pièce. . . . . 0 75
la douzaine. . . 7 50
les 50 . . . . . . 25 00

Fr. c.

**CORDYLINE** ensifolia, hauteur des feuilles, 0m30 à 0m40,

la pièce. . . . . . 2 50
la douzaine. . . . . 25 00

— rubra ; HORT., jeunes plantes,

la pièce . . . . . . 1 50
la douzaine. . . . . 15 00

**COCOS** flexuosa, MART., hauteur des feuilles, 0m60 à 0m70,

la pièce. . . . . . 8 00
la douzaine . . . . 72 00

Grand et beau palmier originaire du Brésil, acclimaté dans l'Établissement. Son tronc qui atteint 15 à 18 mètres d'élévation, est couronné par d'immenses feuilles pennées, longues de 3 ou 4 mètres. Culture en pleine terre sur le littoral algérien, à bon abri, exposition chaude, terre profonde, substantielle, beaucoup d'eau pendant l'été.

**CYCAS** revoluta, du Japon, THUNB., la pièce. . . . . . 5 00
la douzaine. . . . 50 00

**DRACŒNA** draco, LIN., *Dragonnier de l'Inde.*

1er choix, hauteur : 0m30 à 0m35,

la pièce. . . . . . 2 00
la douzaine. . . . . 20 00

2e choix. . . . . . . . la pièce. . . . . . 1 00
la douzaine. . . . . 10 00
les 50. . . . . . . . 40 00
le cent. . . . . . . . 75 00

Grand arbre à feuilles textiles, donnant une résine connue en pharmacie sous le nom de *Sang-Dragon.*

Il existe dans l'Ile de Ténériffe, à Orotava, un dragonnier immense, qui est considéré comme un des plus anciens végétaux du globe.

— Brasiliensis, HORT., *Dragonnier du Brésil.*

la pièce. . . . . . 2 00
les 25. . . . . . . . 45 00

Belle plante à larges feuilles ornementales.

Fr. c.

**ELAEIS** guineensis, Lin., *Palmier à huile*, de la côte de Guinée.

De 0m80 à 0m90 de hauteur, la pièce. . . . . . 10 00
De 0m90 à 1 mètre, d°. . . . . . . . . 15 00
De 1m20 à 1m30, d°. . . . . . . . . 20 00

Ce beau palmier n'est pas rustique sur le littoral algérien ; il ne peut être conservé qu'en serre (1).

**FOURCROYA** gigantea, Vent., *Agave gigantesque*, plantes hautes, de 1m00 à 1m50, la pièce. . . . . . 3 00

Cette magnifique plante ornementale prend des dimensions doubles de celles de l'Agave americana ; ses feuilles, sans épines, sont d'un beau vert tendre. Elle peut contribuer à l'ornement des jardins du midi de la France, étant rentrée l'hiver en orangerie seulement.

**LATANIA** borbonica, Lam., *Livistonia Sinensis*, R. Br. Vulg. *Latanier de Bourbon.*

Plantes de 3 à 4 feuilles, la pièce. . . . . . 1 00
le cent. . . . . . 90 00
Plantes de 5 à 7 feuilles, la pièce. . . . . . 2 00
le cent. . . . . . 185 00
Plantes plus fortes, la pièce. . . . . . 3 00
les cinquante. . . . . . 135 00
Plantes très-fortes, feuilles de 0m70 à 0m80 de largeur, la pièce. . . . . . 15 00

Grand palmier, aux larges feuilles en éventail, dont le tronc s'élève à 12 ou 15 mètres, originaire de la Chine méridionale, très rustique sur le littoral algérien.

**LATANIA** rubra, Jacq., *Latania Commersonii* Lin., *Latanier rouge*, hauteur des feuilles, 60 centimètres, la pièce. . . . . . 15 00

Magnifique palmier, originaire des Iles Mascareinhes et de Madagascar, demi rustique sur le littoral algérien.

---

(1) Le mot rustique est employé pour désigner les végétaux qui résistent, dans une contrée donnée, aux plus grands abaissements de température sans en souffrir. Quelques espèces seulement non rustiques, pour l'Algérie, sont offertes aux amateurs, et nous avons soin de l'indiquer. Il va sans dire que toutes les autres espèces, non accompagnées d'avis, sont parfaitement rustiques.

Fr c.

**MUSA ENSETE**, Bruce, hauteur, de 1 m. à 2 m.,

| | Fr | c. |
|---|---|---|
| la pièce...... | 30 | 00 |
| les 10........ | 280 | 00 |
| les 25 ....... | 625 | 00 |

Cette espèce splendide, originaire de l'Abyssinie, est la plus ornementale de tous les Bananiers. Une plante mise en pleine terre en 1859 a fructifié et donné des graines fertiles en 1862. Dans son plus beau développement et un peu avant l'apparition de la fleur, le tronc de ce colossal Bananier mesurait 3 mètres de circonférence près du sol et 4 mètres de hauteur à la naissance des feuilles. Cette énorme tige supportait un bouquet composé d'une vingtaine de feuilles dressées. Chaque feuille avait 4 mètres de longueur sur 1 mètre de largeur. La nervure médiane des feuilles, de couleur rouge foncé. L'inflorescence, qui est penchée, n'a rien présenté de remarquable que son énorme volume. Les fleurs, petites, sont rangées en verticilles et presque cachées sous de grandes spathes, vertes en dessus, rouge foncé en dessous. Le fruit est une capsule à trois loges, sèche, coriace, à maturité et non comestible. Les semences sont grosses, à testa dur, à albumen farineux.

Ce bananier ne donne pas de drageons au pied ; il se multiplie par graines. En Abyssinie, on le cultive dans des champs clos, comme plante potagère. On mange le tronc, arrivé à un certain degré de développement, comme nous le faisons pour le chou.

Ce magnifique Bananier est rustique, comparativement aux espèces du même genre. En Europe, il peut passer l'hiver en serre tempérée et être sorti sur les pelouses, à l'abri du vent, pendant la belle saison; il suffit pour cela de le mettre dans un bac, d'une capacité suffisante, plus large que haut. En Algérie, il réussira sur littoral, partout où croît l'oranger.

**MUSA** discolor, Hort., jeunes drageons.

| | Fr | c. |
|---|---|---|
| la pièce...... | 2 | 25 |
| les 12........ | 24 | 00 |

Ce Bananier a les tiges grosses, hautes de 2 mètres 50 à 3 mètres, rouges violacées. Les feuilles, très-grandes, d'un vert tendre, ont le pétiole et la nervure médiane de même couleur que les tiges. Les fruits sont arqués, longs, de couleur violette en dessus. La pulpe est jaune, fondante et d'une saveur exquise ; malheureusement ce Bananier fructifie difficilement et c'est par hasard qu'on en

Fr. c.

obtient quelques régimes, ne portant qu'un petit nombre de figues. En l'état, il est plutôt destiné à orner qu'à donner des produits utiles.

**MUSA** speciosa, TENORE, Bananier à belles fleurs.

| | |
|---|---|
| la pièce...... | 2 25 |
| les 12........ | 24 00 |
| les 25........ | 40 00 |

Espèce purement ornementale, probablement originaire de l'Inde. Les tiges sont de la grosseur du poignet et s'élèvent à 1 mètre 50 ; les feuilles, qui sont d'un beau vert, ont 1 mètre de long sur 30 centimètres de large. L'inflorescense est dressée ; les spathes, d'un rouge lilas, persistent longtemps et produisent un bel effet. Cette espèce n'est pas délicate, et les feuilles sont moins lacérées par le vent que les grandes espèces à fruits.

**OREODOXA** regia, H. B. Hauteur des plantes, 0m50 à 0m60,

| | |
|---|---|
| la pièce...... | 2 50 |
| la douzaine.... | 25 00 |

Palmier de l'Amérique méridionale, rustique sur le littoral algérien.

**PANDANUS** utilis, BOR., *Vaquois de Madagascar*, plantes de 0m30 à 0m35,

| | |
|---|---|
| la pièce...... | 2 50 |
| la douzaine.... | 25 00 |

Arbrisseau à feuilles textiles et éminemment ornemental, demi-rustique sur le littoral.

**PANDANUS** inermis. ROXB., *Vaquois sans épines*, hauteur de l'extrémité des feuilles, 0m50 à 0m60,

| | |
|---|---|
| la pièce...... | 10 00 |

**PHŒNIX** dactylifera, LIN., Dattier ordinaire, plants de 0m45 à 0m50 de hauteur au-dessus du pot,

| | |
|---|---|
| la pièce...... | 1 00 |
| les 50........ | 45 00 |
| le 100........ | 85 00 |
| Plants de 1 mètre de hauteur, la pièce... | 3 00 |
| la douzaine.. | 30 00 |

| | | Fr. c. |
|---|---|---|
| **PHŒNIX** dactylifera, LIND, Dattier ordinaire, plantes fortes, de 1m60 à 2m00 au-dessus du pot, | la pièce. . . | 15 00 |
| — Leonensis, LADD., Sierra Leone. . | la pièce. . . | 3 00 |
| — | la douzaine. | 30 00 |
| — Pumila, AUB., du Gabon. . . . . | la pièce. . . | 2 50 |
| — | la douzaine.. | 25 00 |

**SABAL** adansoni, GUER., *Sabal du Mexique*,

| | | |
|---|---|---|
| Jeunes, de semis. . . | la pièce. . . | 1 00 |
| — | le cent. . . | 85 00 |
| Plus forts, | la pièce. . . | 2 00 |
| — | les 25. . . . | 45 00 |

Palmier sans tige, mais très rustique et donnant de larges faisceaux de très amples feuilles d'un vert glauque.

| | | |
|---|---|---|
| **STRELITZIA** Augusta, THUNB., de 0m25 à 0m30 de hauteur. . . . . | la pièce. . . . | 12 00 |
| — | les six. . . . | 60 00 |

**YUCCA** aloéfolia, LIND., *Yucca à feuilles d'aloës*, élevés en pleine terre,

| | | |
|---|---|---|
| de 0m50 à 1m00. . . . . . . . . | la pièce. . . | 1 00 |
| | la douzaine. | 10 00 |
| de 1m00 à 1m50 de haut, . . . . | la pièce. . . | 5 00 |
| | la douzaine. | 50 00 |
| — draconis, LIND., *Yucca faux dragonnier*, de 0m70 au-dessus du pot, | la pièce. . . | 5 00 |
| | les douze. . | 50 00 |
| — filamentosa, LIN., *Yucca à filaments*, élevés en pleine terre, fortes plantes, | la pièce. . . | 2 00 |

# VÉGÉTAUX LIGNEUX

## DES RÉGIONS CHAUDES ET TEMPÉRÉES

### ÉLEVÉES EN POTS.

---

| | La pièce. Fr. c. |
|---|---|
| **ACACIA** adansoni, G. et P., du Sénégal. . . . . . . . . | 1 00 |
| L'un des arbres qui donne la gomme arabique. | |
| — Alba, WILD., Inde. . . . . . . . . . . . . . . . . . | 1 00 |
| — Albicans, LAB . . . . . . . . . . . . . . . . . . . | 1 00 |
| Arbrisseaux de la Nouvelle-Hollande, à fleurs nombreuses, jaune éclatant. | |
| — Anapinda, BONP. . . . . . . . . . . . . . . . . . | 1 50 |
| Grand arbrisseau à demi-sarmenteux, à feuillage très élégant, du Paraguay. | |
| — Aroma de Coriantes, BOMPL., *du Paraguay*. . . . | 1 50 |
| Arbre à feuillage très élégant, à fleurs odorantes. | |
| — Algarobilla, BONPL., *du Paraguay*. . . . . . . | 1 50 |
| Espèce de bois de fer à feuillage très léger. | |
| — Cultriformis, HOOK, *de la Nouvelle-Hollande*. . . | 1 00 |
| Arbrisseau élégant, fleurit en mars. | |
| — Cuneata, BENTH., *à feuilles en coin*. . . . . . . | 1 00 |
| Arbrisseau de la Nouvelle-Hollande. | |
| — Dodoneifolia, DESF. . . . . . . . . . . . . . . . | 1 00 |
| Arbrisseau de la Nouvelle-Hollande. | |
| — Filicina, WILD. . . . . . . . . . . . . . . . . . | 1 25 |
| Arbrisseau du Mexique à feuillage léger et très élégant. | |
| — Heterophylla, WILD. . . . . . . . . . . . . . . . | 1 25 |
| Arbrisseau de la Nouvelle-Hollande. | |
| — Horrida, WILD . . . . . . . . . . . . . . . . . . | 1 50 |
| Grand arbrisseau du Cap de Bonne-Espérance, à très longues épines blanches. | |

La pièce.
Fr. c.

**ACACIA** (*Suite*).

— Ixiophylla, MUEL . . . . . . . . . . . . . . . . . . 1 00
Arbrisseau de la Nouvelle-Hollande.

— Lebbeck, WILD . . . . . . . . . . . . . . . . . 1 50
Arbre de l'Inde, à feuillage épais, appelé *Bois noir* à la Réunion.

— Longifolia, WILD. . . . . . . . . . . . . . . . . 1 00
Arbrisseau de la Nouvelle-Hollande, feuilles lancéolées oblongues, d'un vert foncé.

— Longissima, LINCK., *Accacia à très longues feuilles* 1 00
Arbre de la Nouvelle-Hollande, à longues feuilles étroites.

— Lophanta, WILD . . . . . . . . . . . . . . . . . 1 00
Arbrisseau à feuillage très élégant, de la Nouvelle-Hollande, croissance très rapide.

— Lophanta-Distachya. . . . . . . . . . . . . . . . 1 00
De la Nouvelle-Hollande.

— Lophanta-Neumannii, HORT . . . . . . . . . . . 1 00
Arbre de la Nouvelle-Hollande, feuilles bipennées, très légères.

— Melanoxylon, R. B . . . . . . . . . . . . . . . . 1 25
Bel arbre à bois noir de la Nouvelle-Hollande.

— Nandubay, BONPL., *du Paraguay* . . . . . . . . 1 25
Arbre épineux, à rameaux raides, bois dur.

— Portoricensis, WILD., *Acacia de Porto-Rico*. . . . 1 00
Arbuste élégant, à nombreuses fleurs blanches.

— Saligna, WENDL . . . . . . . . . . . . . . . . . 1 00
Arbrisseau de la Nouvelle-Hollande

— Setosa, TOD . . . . . . . . . . . . . . . . . . . 1 00

— Sophora, DESF . . . . . . . . . . . . . . . . . . 1 00
Arbrisseau de la Nouvelle-Hollande.

**ADATHODA** Lucida, HORT . . . . . . . . . . . . . . 1 00
Arbrisseau à feuillage d'un beau vert luisant.

— Furcata . . . . . . . . . . . . . . . . . . . . 1 00

Fr. c.

**ALEURITES** moluccana, WILD, *Noyer de Bencoul*,

la pièce . . . . . 2 00

la douzaine . . . . 20 00

Grand arbre de l'Inde, à feuilles larges, palmées, persistantes, donnant un fruit semblable à une noix. Cette noix est bonne à manger, et produit une huile douce, comestible. Culture sur le littoral algérien, à exposition chaude, en terre substantielle, fraîche mais pas trop humide. Plusieurs exemplaires de cette espèce ont fructifié dans l'établissement. Cet arbre a l'inconvénient d'être parfois envahi par la cochenille sauvage au point de nuire à sa conservation.

**APHELANDRA** tetragona, NÉES., *Justicia cristata*, JACQ. 2 00

Magnifique plante de la Guyane, à longs épis de fleurs écarlates, tubuleuses, disposées sur quatre rangs.

**ARALIA** farinifera, PLANCH., *Aralia à feuilles poudrées de blanc*.

la pièce. . . . . . 4 00

la douzaine. . . . 40 00

Grand arbrisseau de la Nouvelle-Grenade, feuilles grandes, digitées, d'un effet très ornemental. Lieu abrité, terre légère, profonde et fraîche. Jeunes plantes de semis bien constituées.

**ARALIA** papyrifera, HOOK., *Angélique à papier*,

la pièce. . . . . . 1 00

la douzaine. . . . 10 00

Arbrisseau à très larges feuilles, originaire de l'île Formose, dont la tige simple renferme une moëlle très développée. Avec cette moëlle les Chinois confectionnent une sorte de papier connu sous le nom de papier de Riz. Culture en Algérie, partout où vient l'oranger, en terre fraîche et à demi-ombre.

**ARALIA** Sieboldtii, HORT., la pièce . . . . . 2 00

la douzaine. . . . 20 00

Arbrisseau originaire du Japon, à très larges feuilles palmées, très ornemental. Culture en Algérie, en terrain frais à demi ombre.

Fr. c.

**ARGANIA** sideroxylon, Schousboe., *Argan, Argane.*

la pièce . . . . . 1 00

la douzaine . . . 10 00

L'argan est un végétal producteur d'huile, qui croît spontanément au Maroc, depuis le littoral jusqu'au-delà de Tafilet, en descendant vers le sud. On le rencontre dans les plaines comme sur les versants des montagnes, en peuplement nombreux, à l'état de broussailles; plus rarement, il prend les dimensions d'un arbre de 8 à 10 mètres de hauteur. Ses feuilles sont petites, coriaces, lancéolées; ses rameaux sont épineux.

Il appartient à la famille des *Sapotacées*, et il est le représentant de cette famille qui s'avance le plus vers le nord. Son fruit est une drupe de la grosseur d'une petite amande. Ce fruit mûrit en juillet. Sa pulpe est donnée en nourriture aux chameaux et aux chèvres, tandis que les chevaux, les mulets et les ânes la dédaignent.

Les noyaux dépouillés, sont cassés entre deux pierres par les femmes et les enfants pour en extraire l'amande, que l'on broie ensuite sous une meule après l'avoir fait torréfier. Les amandes pulvérisées sont ensuite mises dans un vase et délayées avec un peu d'eau chaude pour former une pâte dont l'on extrait l'huile en la pétrissant avec les mains.

Nous devons les renseignements qui précèdent à l'extrême obligeance de M. Daluin, consul de Belgique à Tanger, qui a bien voulu en même temps, nous procurer des graines et de l'huile d'Argan, par l'intermédiaire de M. Bounevialle, consul de Belgique à Alger.

On estime que l'Argan, à conditions égales, produit un quart de moins d'huile que l'olivier, mais il a sur celui-ci l'avantage de croître dans les terres pierreuses les plus sèches et les plus arides. Il est certain aussi que les procédés très primitifs employés jusqu'ici pour l'extraction de l'huile d'Argan laissent beaucoup de produit dans les détritus.

L'huile d'Argan sert principalement pour l'éclairage; on s'en sert aussi dans la cuisine marocaine, pour les fritures. Elle a une saveur particulière où domine celle de blé grillé, ce qui est dû à la torréfaction que l'on fait subir à l'amande. Nul doute qu'avec une meilleure fabrication on n'obtienne des amandes de l'Argan, une huile parfaitement comestible.

El-Bekri attribue à l'huile d'Argan des propriétés médicales très remarquables, entre autres vertus, elle aurait celle de fortifier les reins et d'en faciliter les fonctions.

La pièce.
Fr. c.

L'Argan peut être cultivé en Algérie, sur tout le littoral et dans les oasis de la région saharienne.

**AVERRHOA** accida, Lin., *Carambolier acide* . . . . . 2 00

Arbre fruitier de l'Amérique méridionale, non rustique sur le littoral.

**BALANITES** Ægyptiaca, Del., *Heglig des Ægyptiens, Haliledj ou Tenchaz des Touaregs, Eluïdaïa des nègres*. . . . . . . . . . . . . . . . . . . . 3 00

Arbrisseau épineux donnant un fruit de la forme et de la grosseur de la datte, et dont la pulpe est sucrée et amère: culture sur le littoral à exposition chaude.

**BANKSIA** integrifolia, Lin . . . . . . . . . . . . . . 2 00

Arbrisseau de la Nouvelle-Hollande.

**BARNADESIA** spinosa, Lin. . . . . . . . . . . . . 1 00

Arbrisseau à rameaux longs et épineux, originaire du Pérou, à feuilles charnues, résiste bien dans les terrains secs.

**BEGONIA** manicata, Brongt . . . . . . . . . . . . 1 00
— Stigmatata, Hort. . . . . . . . . . . . . . . . 1 00
— Lucida, Haw . . . . . . . . . . . . . . . . . 1 00
— Grandis, Dryand., *Japon*. . . . . . . . . . . . 1 00
— Tuberosa, Dryand., *Moluques* . . . . . . . . . . 1 00

**BELOPERONE** Amherstiæ, Nées., Inde. *Carmentine noueuse* . . . . . . . . . . . . . . . . . . . . 1 00

Arbuste toujours vert, fleurs en bouquet serrées à l'aisselle des feuilles, d'un rose vif; bonne exposition.

**BERRYA** amomilla, Roxb. . . . . . . . . . . . . . 1 00

Arbre de l'Inde de 5 à 6 mètres, à beau feuillage, demi-rustique sur le littoral.

**BOMBAX** Ceiba, Lin., *Fromager* . . . . . . . . . . 1 00

Arbre à coton, de l'Amérique méridionale,

**BONTIA** daphnoïdes, Lin. . . . . . . . . . . . . . 1 00

Arbrisseau de l'Amérique australe.

| | La pièce. Fr. c. |
|---|---|
| **BREXIA** chrysophylla, SWEET., de 0m40 à 0m50, la pièce. | 2 00 |
| les vingt-cinq. . | 40 00 |
| les cinquante . . | 70 00 |

Joli abrisseau à feuilles épaisses et raides, de Madagascar, propre à la décoration des salons.

**BUMÉLIA** tenax, WILD . . . . . . . . . . . . . . . . . . 1 00

Grand arbrisseau de la Caroline, à feuilles argentées en dessous.

**BUXUS** Balearica, LIN. Buis de Mahon. la pièce . . . . 0 75
la douzaine. . . 6 00

**CALLICARPA** Americana, LIN . . . . . . . . . . . . . 0 75

**CALLISTEMON** coriaceum, *à feuilles coriaces*. . . . . 1 00
— crassifolium . . . . . . . . . . . . . 1 00
— linearifolium, D. C.. . . . . . . . . . . 1 00
— pinifolium, D. C. *à feuilles de pin* . . 1 00
— rigidum, R. BR., *à feuilles raides* . . . 1 00
— salignum, D. C. *à feuilles de saule* . . 1 00
— lanceolatum, D. C. *à feuilles longues* . 1 00
— speciosum . . . . . . . . . . . . . . . 1 00

Grands arbrisseaux de la Nouvelle-Hollande, au feuillage couleur de bronze, dont l'inflorescence très brillante se compose des pistils et des étamines, d'un rouge très vif, pour la plupart, disposés en forme de goupillon autour et à l'extrémité des jeunes rameaux.

**CAMPHORA** officinalis, NÉES. *Laurus camphora*, le Camphrier. . . . . . . . . . . la pièce. . . . . 2 00
la douzaine. . . 20 00

Grand arbre toujours vert, de la Chine et du Japon et duquel on extrait le camphre. Culture en Algérie, dans les lieux frais et abrités.

**CARAPA** Guyanensis, AUBL. . . . . . . . . . . . . . . 2 00

Grand arbre de l'Amérique méridionale, qui donne la noix de *Touloucouna* de laquelle on tire une huile abondante employée dans les arts.

Fr. c.

**CARICA** papaya, Lin., *le Papayer* . . . . . . . . . . 2 00

Arbre fruitier de la zone équatoriale, non rustique en Algérie.

**CAROLINEA** macrocarpa, Chms . . . . . . . . . . . . 3 00

Arbre du Mexique et du Brésil, donnant un fruit gros, ovoïde, à 5 ou 6 divisions, dont chacune contient 5 ou 6 graines de la grosseur d'une aveline; elles en ont toute la saveur et sont agréables à manger. Au Brésil, où ces graines sont recherchées, elles sont connues sous le nom de Noz-de-Maranhao. Culture en Algérie, sur le littoral, à exposition chaude.

**CERBERA** manghas, Lin . . . . . . . . . . . . . . . 2 00

Grand arbrisseau des Indes à fleurs nombreuses, d'un blanc rose. Culture à exposition chaude.

**CENTRADENIA** floribunda, Planch., *Centradenie à fleurs nombreuses*, de Guatemala . . . . . . 1 [illegible]

Arbuste portant de nombreuses fleurs lilas.

**CESTRUM** diurnum, *L. Cestreau ou galant de jour* . . 1 00

Arbrisseau de Cuba, à fleurs blanches très odorantes pendant le jour.

— roseum, Hort., *Cestreau à fleurs roses* . . . 1 00

Arbrisseau du Mexique.

**CHOROZEMA** rotundifolia, Hort., . . . . . . . . . . 0 75

— cordata, Lindl., . . . . . . . . . . . . 0 75

— ilicifolia, Lab., . . . . . . . . . . . . 0 75

— varium, Hort., . . . . . . . . . . . . 0 75

— chandleri, Hort., . . . . . . . . . . . 0 75

— splendens, Hort., . . . . . . . . . . . 0 75

Charmants arbustes de la Nouvelle-Hollande, à fleurs papillonnacées et à couleurs vives.

**COCCOLOBA** uvifera, Lin., *Raisinier*, . . . . . . . . . 3 00

Arbre des Antilles, feuilles grandes, arrondies, coriaces, non rustique en Algérie.

La pièce. Fr. c.

**CODIÆUM** variegatum, BLUM., *croton variegatum*, LIN., la pièce . . . . . . 2 00
la douzaine . . . . 20 00

Arbrisseau de l'Inde et de la Chine, au feuillage panaché de jaune, d'un effet très décoratif.

**COLEUS** Blumei, BENTH., *coleus de Blume* . . . . . . . 1 00

Arbuste de Java, remarquable par ses feuilles d'un vert jaunâtre largement tachées de rouge ; n'est pas rustique sur le littoral.

— Verschaffeltii, HORT., . . . . . . . . . . . . . 1 50

Plus brillant que le précédent, même consistance.

— scutellaroides, HORT.. . . . . . . . . . . . . 1 00

A feuilles couleur de bronze.

**COLLETIA** horrida, BRONGT., la pièce . . . . . . 0 75
la douzaine . . . . 7 00

— bictoniensis, HORT., la pièce . . . . . . 1 00
la douzaine . . . . 10 00

Arbustes du Chili, à rameaux courts et chargés de forts aiguillons. La deuxième espèce est extrêmement remarquable par la forme de ses rameaux qui peuvent servir de modèles dans les dessins d'ornement.

**CORONILLA** glauca, LIND., *Coronille glauque* . . . . 0 50

Arbustes de Sicile et d'Algérie à fleurs jaunes.

— Valentina, LIN . . . . . . . . . . . . . . . 0 50

Arbuste à fleurs jaunes.

**CUPHÆA** platycentra, CH. LEM., du Mexique. . . . . 0 75

Petit arbuste à fleurs couleur de feu.

— eminens, LINDL., du Mexique . . . . . . . 0 75

**CYRTANTHERA** magnifica, NÉES,. du Brésil, *Cyrtanthère magnifique* . . . . . . . . . 1 00

— Liboniana, HORT., du Brésil, *C. de Libon* . . . . . . . . . . . . . . . 1 00

— Pohliana, NÉES., du Brésil., *C. à feuilles velues* . . . . . . . . . . . . . 1 00

La pièce, Fr. c.

**CYRTANTHERA** Ghiesbregthiana, C. *de Gdiesbregth,* du Mexique. . . . . . . . . . . . 1 00

— Superba, HORT. . . . . . . . . . . . 1 00

— Velutina, HORT. . . . . . . . . . . 1 00

— Longiflora, HORT. . . . . . . . . . . 1 00

Arbustes portant de gros épis, de grandes fleurs roses, couleur de chair et rouges, magnifiques. Culture dans un endroit abrité.

— Catalpæfolia, NÉES., *C. à feuilles de catalpa*. . . . . . . . . . . . . . 1 00

Arbrisseau de deux mètres à larges feuilles, rameaux terminés par des épis de grandes fleurs jaunes.

**DIPTERACANTHUS** schauerianus, NÉES. . . . . . . 1 00

— spectabilis, HORT. . . . . . . . . 1 00

Arbrisseaux du Brésil toujours verts.

**EHRETIA** tinifolia, LIN., *Ehret à feuilles de laurier-tin,* de l'Amérique australe. . . . . . . . . . 1 00

Arbrisseau à large feuillage, d'un vert foncé.

**ENTELEA** arborescens, R. B. *Entelée*. . . . . . . . . 1 00

Arbrisseau de la Nouvelle-Zélande. Feuilles larges, en cœur, fleurs blanches en bouquet.

— palmata, LINDL. . . . . . . . . . . . . . . 1 00

**ERANTHEMUM** nervosum, NÉES., *Eranthème à feuilles nervées*, de l'Inde . . . . . . . . 1 00

Arbuste à fleurs bleu d'azur,

— tetragonum, WAL., *E. à tiges carrées*. 1 00

Arbuste de l'Inde, fleurs bilabiées, ponctuées de pourpre.

— coccineum, LEM., *E. rouge vif*. . . . 1 00

Arbrisseau de la Jamaïque, à longues grappes de fleurs rouge vif.

| | | Fr. c. |
|---|---|---|
| **EUCALYPTUS** globulus, LABILL. | | |
| *Vel Eucalyptus cordata*, MIQ. | | |
| — *diversifolia*, MIQ. | | |
| — *heterophylla*, MIQ. | | |
| de 0m 60 à 1m de hauteur, | la pièce.. . | 1 00 |
| | les 25. . . . | 23 00 |
| | les 40. . . . | 43 00 |
| | (*) le 100. . . . | 75 00 |
| — oppositifolia. DUM., COURS. | | |
| | la pièce. . . | 1 50 |
| | les 25. . . . | 30 00 |
| — Resdoni, J. HOOK., | la pièce. . . | 2 00 |
| | la douzaine . | 20 00 |
| — Leucoxylon, MACL. | | |
| *Vel Eucalyptus cosmophylla.* | | |
| | la pièce. . . | 2 00 |
| | la douzaine . | 20 00 |
| — Odorata, MIQ. . . . . . . | la pièce. . . | 2 00 |
| — Robusta, SMITH. . . . . . | — . . . | 2 00 |
| — Viminalis, LABILL. . . . | — . . . | 2 00 |

Les Eucalyptus sont de grands arbres originaires de l'Australie. Leurs feuilles, à l'âge adulte, pendent verticalement aux rameaux à l'aide de longs pétioles, ou prennent la position oblique. Par cette disposition, elles ont une organisation uniforme sous les deux faces et qui diffère de la majorité des espèces végétales. Ces feuilles modifiées ont reçu le nom de *Phyllodes* et elles sont propres à un grand nombre de végétaux de l'Australie. Ces Phyllodes, généralement de nature coriace, paraissent or-

---

(*) OBSERVATION IMPORTANTE. Les Eucalyptus emballés par le procédé dit *à jour*, dans des caisses, peuvent voyager par toutes les voies de transport, et même par la diligence. Le prix de l'emballage devra toujours être ajouté à celui des plantes dont on fait la demande, selon le tarif ci-après :

L'emballage de 100 Eucalyptus dans une caisse, pèsera environ 160 kil. et revient à .............. 12 fr.
L'emballage de 50 pèsera environ 80 kil et revient à 8
L'emballage de 25 pèsera environ 45 kil. et revient à 5

ganisées pour résister aux accidents atmosphériques, tels que la tempête, le sirocco, la grêle. Ces Phyllodes renferment de nombreuses glandes remplies d'huile essentielle qui répand une odeur forte, pénétrante, sans être désagréable. On attribue à ces émanations aromatigues des propriétés bienfaisantes, favorisant la respiration et surtout celle toute particulière de neutraliser les miasmes paludéens. On attribue en Australie, aux Eucalyptus, l'absence des fièvres, partout où ces arbres se montrent en peuplements importants.

Le bois des Eucalyptus est très solide et propre à tous les genres de constructions, civiles et navales, Les navires baleiniers cunstruits à Hobart-Town sont renommés pour leur solidité, et ils la doivent au bois d'Eucalyptus. L'Inde, qui passe pour avoir de bons bois et qui posséde le Teck, tire des bois d'Eucalyptus d'Australie, et particulièrement de la Tasmanie, pour la construction des navires et pour traverses de chemins de fer. Les travaux maritimes, quais, digues, jetées, sur la côte australienne, sont faits en bois d'Eucalyptus. A la dernière exposition internationale de Londres, au département de l'Australie et de la Tasmanie, il y avait des tranches de troncs de nombreuses espèces d'Eucalyptus, surprenantes par leurs dimensions et révélant, sous le vernis, des nuances de nature à être recherchés par l'ébénisterie.

Malgré la densité de leur bois, les Eucalyptus n'en ont pas moins une croissance très rapide. L'Eucalyptus globulus que l'on appelle vulgairement « Gommier bleu de la Tasmanie.» *Tasmanian Blue-Gum tree* ou simplement *Blue-Gum* est particulièrement remarquable sous ce rapport. C'est aussi le plus grand des Eucalyptus et il parvient à des dimensions telles qu'il peut prendre place parmi les colosses du régne végétal. On a coupé, dans la Tasmanie, un Blue-Gum qui mesurait vingt-huit mètres de circonférence à la base et plus de cent mètres de hauteur. On a pensé que ce géant pouvait être âgé de huit cents ans.

La premiére année de plantation ces arbres s'élancent beaucoup, et s'élèvent en moyenne de 0m 50 par mois, dans les conditions qui leur plaisent. A partir de la seconde année, leur croissance en hauteur commence à se ralentir : ils se développent en diamètre et leur cime s'élargit.

La graine des Eucalyptus est petite, très fine; elle donne naissance à un plant petit et délicat, cette circonstance s'oppose à ce que l'on puisse faire les semis sur place et en grand. La transplantation, d'un autre côté, ne peut se faire à racines nues; il faut donc que les jeunes plantes soient élevées dans des pots jusqu'à ce qu'elles aient acquis un développement suffisant pour être plantées à demeure. Il faut donc que l'éducation de ces jeunes plantes soit faite en pépinière, et qu'elle soit accompagnée de soins spéciaux. Très délicates d'abord, leur rusticité s'accroît à mesure qu'elles se développent.

Lorsque les Eucalyptus sont transportés sur le lieu où ils doivent être plantés, soit qu'ils aient été expédiés étant emballés, soit qu'ils n'aient parcouru qu'une faible distance, le premier soin à leur donner, avant de les mettre en terre est de faire détremper complètement les mottes qui seraient sèches en les plongeant dans un baquet où il y ait une épaisseur d'eau suffisante pour submerger les mottes. On les laisse ainsi une heure environ, puis on les retire et on les laisse égoutter comme il faut, avant de les planter.

Pour que les Eucalyptus se développent bien, il leur faut une bonne terre dans l'acception du mot, c'est-à-dire profonde, perméable, ni légère ni compacte et qui conserve néanmoins une certaine fraîcheur. Les terrains arides, graveleux, maigres, secs, ne lui conviennent pas, à moins qu'on ne puisse les améliorer par des amendements, des engrais et d'abondantes irrigations pendant l'été. Les terrains humides et tenaces lui sont manifestement contraires.

Lorsque l'on veut que les arbres poussent vite, et obtenir une belle végétation, il faut préparer l'emplacement de chaque arbre en creusant une fosse de 1m50 de diamètre au moins. Si la fosse a deux mètres de diamètre en tous sens, cela ne vaudra que mieux. La profondeur à 90 centimètres où un mètre est suffisante. En recomblant la fosse, on aura soin de réserver la meilleure terre pour le voisinage immédiat des racines. Ce serait encore une opération avantageuse que de mêler à cette terre, du terreau ou du fumier bien consommé.

Les mottes des plants seront entièrement débarrassées des corps qui les enveloppent, soit pots ou matières employées pour l'emballage, avant de les mettre en terre. Lorsque leur plantation aura été effectuée, il faudra verser au pied une quarantaine de litres d'eau.

La plantation devra ensuite être surveillée, on donnera de l'eau chaque fois que l'on reconnaîtra que les jeunes plantes en ont besoin ; il est utile d'arroser la plantation pendant le premier été, plus tard, ce soin ne sera plus nécessaire, à moins que l'on n'ait affaire à un terrain naturellement sec. Il faudra, dans tous les cas, entretenir le pied de l'arbre en bon état de culture.

Les Eucalyptus élevés en pots, pourraient, à la rigueur,

La pièce.
Fr. c.

se planter en tous temps, mais le moment le plus favorable, en Algérie, est la saison des pluies, surtout au commencement et à la fin de cette saison. Le milieu de l'hiver est le moins propice, à cause de la basse température et de la grande humidité dont le sol est imprégné. Plantés à l'automne, ils s'affermissent dans le sol, se développent par les racines et par les branches à la faveur de la saison humide; au printemps, ils sont assez robustes pour résister à la sécheresse et se passer d'arrosage pendant l'été, mais leur croissance sera moins active que s'ils étaient arrosés.

D'après M. Mueller, c'est dans les vallées et les pentes humides des montagnes boisées, depuis Apollo-Bay jusqu'au cap Wilson et dans la partie australe de Van-Diémen que se montrent les plus grands Eucalyptus. Sur les collines rocheuses du littoral presque constamment exposées au souffle de la tempête, ils ne forment plus que des arbrisseaux touffus, qui fleurissent et fructifient abondamment

Ce renseignement semble indiquer que cet arbre pourra venir dans presque toutes les positions en Algérie, à l'exception peut-être des plateaux les plus élevés, où le froid pourrait les détruire et la neige rompre ses rameaux.

Cet arbre paraît indiqué comme un des plus utiles à répandre en Algérie ; il faudrait pouvoir en entourer les habitations, les villages, afin d'en faire des abris contre les vents et des remparts contre la fièvre.

**EUGENIA** crassifolia, D. C. . . . . . . . . . . . . . . 1 00

Arbrisseau du Brésil, espèce de myrte à feuilles épaisses.

**EUPATORIUM** odoratissimum, HORT . . . . . . . . . . 1 00

**FICUS** afzelii, G. DON., de l'Inde . . . . . . . . . . . 2 00
— Bengalensis, LIN., du Bengale. . . . . . . . . . 2 00
— benjamina, LIN., Inde . . . . . . . . . . . . . 2 00
— coronata, BLUM., de Java . . . . . . . . . . . . 2 00
— elastica, ROXB., Inde, *Figuier à caoutchouc*. . . 2 00
— hirsuta, SCHOTT., Brésil. . . . . . . . . . . . 2 00
— levigata, VAHL., des îles Caraïbes . . . . . . . . 2 00
— nitida, THUNB., de l'Inde et de la Chine . . . . 2 00
— oppositifolia, ROXB., Inde. . . . . . . . . . . . 1 00
— racemosa, LIN., Inde . . . . . . . . . . . . . . 2 00

| | La pièce. Fr. c. |
|---|---|
| **FICUS** reclinata, DESF | 2 00 |
| — rubiginosa, DESF., Nouvelle-Hollande, *Figuier rouillé* . . . la pièce | 2 00 |
| les 12 | 20 00 |
| — stipulata, THUNB., Chine | 2 00 |
| — sycomorus, LIN, le sycomore vrai d'Egypte | 1 00 |
| — Tsjiela, ROXB., Inde | 2 00 |

Ces diverses espèces de Ficus forment des arbres plus ou moins élevés, au feuillage ample, riche, très-décoratif ; ils sont propres, au plus haut degré, à la composition des massifs et à la décoration des promenades.

| | |
|---|---|
| **FUSCHSIA** variés | 0 75 |
| **GENDARUSSA** vulgaris, NÉES., Inde | 0 75 |

Arbuste à feuilles oblongues.

| | |
|---|---|
| **GENISTA** Canariènsis, LIN. | 0 75 |

Genêt des îles Canaries.

| | |
|---|---|
| — floribunda, HORT. | 0 75 |
| **GLOBULARIA** salicina, LAM | 0 75 |

Arbuste toujours vert de Madère, réussit dans les terrains secs.

| | |
|---|---|
| **GOMPHOCARPUS** fruticosus, R. BR., *Asclepias* | 0 75 |

Arbrisseau, arbre à la ouate, de l'Afrique.

| | |
|---|---|
| **GREVILLEA** robusta, R. BR., *Grevillée robuste*, de 0m45 à 0m50 de hauteur . . . la pièce | 1 00 |
| les 25 | 23 00 |
| les 50 | 43 00 |
| le 100 | 75 00 |

Grand arbre de la Nouvelle-Hollande, à feuilles découpées, ayant la grâce de certaines fougères ; terre profonde un peu fraîche ; croissance très-rapide.

| | |
|---|---|
| **GREWIA** orientalis, LIN., de l'Inde | 1 00 |

La pièce. Fr. c.

**GUAZUMA** ulmifolia, LAMK., *Guazume à feuilles d'orme*. 2 00
— tomentosa, H. B. *Guazume à feuilles velues*. 2 00

Arbres de l'Amérique australe.

**HABROTHAMNUS** elegans, BRONGT., *Habrothamne élégant* . . . . . . . . . . . . . 0 75
— Hugelii, HORT., *H. Hugel*. . . . . 0 75
— scaber, HORT., *H. à feuilles rudes*. 0 75
— Bondouxii, HORT., *H. de Bondoux*. 0 75

Les Habrothamnes sont des arbrisseaux du Mexique, dont les rameaux flexibles se terminent, pendant l'hiver, par de nombreuses grappes ou des bouquets de fleurs tubulées d'un rouge foncé.

**HALLERIA** Lucida, LIN., *Hallerie luisante*. . . . . . 1 00

Charmant arbrisseau à fleurs rouge-vif, originaire du Cap de Bonne-Espérance.

**HEBECLINIUM** ianthinum. . . . . . . . . . . . . 1 00

Arbuste à fleurs composées, d'un beau violet, originaire du Mexique.

**HELIOTROPIUM** peruvianum. LIN., *Héliotrope odorant*. 0 75
variétés Voltairianum, HORT. . . . . . . . . 0 75
— Anna Turel. . . . . . . . . . . . . 1 00
— Clara . . . . . . . . . . . . . . . 1 00
— Davilson . . . . . . . . . . . . . . 1 00
— macrophyllum . . . . . . . . . . . 1 00
— madame Boucharlat. . . . . . . . . 1 00
— multiflorum . . . . . . . . . . . . 1 00
— Napoléon III. . . . . . . . . . . . 1 00
— triomphe de Liége. . . . . . . . . 1 00

**HIBISCUS** liliflorus, CAV., *Ketmie à fleurs de lis*. . . . 1 00

Arbrisseau de l'Ile de la Réunion, à grandes fleurs de couleurs très-variées.

— phœniceus, WILD., *Ketmie à fleurs pourpres*. 1 00

Très-joli, à fleurs rouge-éclatant.

| | La pièce. Fr. c. |
|---|---|
| **HIBISCUS** rosa sinensis, Lin., *Ketmie rose de Chine.* | |
| — — Variété *rouge simple.* . . | 1 00 |
| — — *rouge double.* . . | 1 00 |
| — — *jaune simple.* . . | 1 00 |
| — — *jaune double.* . . | 1 00 |
| — — *nankin* . . . . . | 1 00 |
| **HYDRANGEA** japonica, Lieb., *Hydrangée du Japon.* la pièce. . . | 0 75 |
| la douzaine. | 7 50 |

Arbrisseau de un à deux mètres, à larges feuilles, fleurs nombreuses en cime plane, blanc rosé bleuâtre; culture à l'ombre, dans un endroit humide.

| | |
|---|---|
| **HYPERICUM** canariense, Lin., *Millepertuis* des îles Canaries . . . . . . . . . . . . . | 0 75 |

Arbuste à larges fleurs d'un jaune brillant.

| | |
|---|---|
| **INGA** unguis-cati, Willd., . . . . . . . . . . . . . . | 1 00 |

Arbrisseau épineux des Antilles.

| | |
|---|---|
| **ISOLEPIS** gracilis, Nées . . . . . . . . . . . . . . . | 1 00 |

Charmante petite graminée de l'Inde, à tiges junciformes, propre à orner les salons.

| | |
|---|---|
| **JAMBOSA** Australis, D. C. *Jambosa*, la pièce. . . . | 1 00 |
| la douzaine. . | 10 00 |

Arbre de la Nouvelle-Hollande, à feuilles semblables à celle du myrte.

| | |
|---|---|
| **JATROPHA** curcas, Lin., *Curcas purgans,* Medic., *Médicinier Pignon d'Inde* . . . . . . . . . . | 1 00 |

Arbrisseau à graine purgative et oléagineuse.

| | |
|---|---|
| **LANTANA** Sellowiana, Link., *L. de Sellow*, du Brésil. | 0 75 |

Petit arbuste fleurissant tout l'été et propre à former des tapis, comme les verveines.

| | |
|---|---|
| — alba-grandiflora, *L. blanc à grandes fleurs*. . . | 0 75 |
| — corymbosa. . . . . . . . . . . . . . . . . . | 0 75 |

Fleurs roses.

| | |
|---|---|
| — Queen Victoria. . . . . . . . . . . . . . . . | 0 75 |

La pièce. Fr. c.

**LAURUS** indica, Lin., *Laurier de l'Inde et de Madère*. . 1 00

— tomentosa, Hort., *Laurier à feuilles cotonneuses*. . . . . . . . . . . . . . . . . . . . 1 00

Arbres à feuillage toujours vert, à bois solide.

**LIGUSTRUM** ovalifolium. . . . . . . . la pièce. . . 1 00
la douzaine. 10 00

Arbrisseau à feuilles persistantes, à longs thyrses de fleurs blanches comme le lilas, bonne terre, exposition abritée et fraîche.

**LOPEZIA** grandiflora, Zucc., *Lopezie à grandes fleurs*. 1 00

Arbuste du Mexique, à fleurs rouges en grappe, analogues à celles des Fuchsia.

**MAGNOLIA** grandiflora, Lin. . . . . . . la pièce. . . 1 00
la douzaine. 10 00

Arbre originaire de la Caroline, de 30 mètres de hauteur dans son pays, au feuillage toujours vert, à grandes fleurs blanches odorantes.

**MALVAVISCUS** concinnus, H. B. . . . . . . . . . . 1 00

Arbuste du Pérou.

**MELALEUCA** decussata, R. B. *M. à feuilles en croix*. 1 00

— armillaris, H. K . . . . . . . . . . . . 1 00

— ericæfolia, Smith., *M. à feuilles de bruyère*. 1 00

— hypericifolia, *à feuilles de millepertuis*. 1 00

— squamea, Labil., *M. écailleux*. . . . . 1 00

La douzaine, au choix. . . 10 00

Arbrisseau gracieux de la Nouvelle-Hollande, au feuillage léger, persistant, à fleurs en épi ou en tête serrée, rouges, blanches ou purpurines.

**MEDICAGO** arborea, Lin. . . . . . . . . . . . . . . 0 75

Luzerne en arbre.

**MURRAYA** exotiqua, Lin., *Murraye de la Chine, buis fleuri*. . . . . . . . . la pièce. . . 1 00
la douzaine. 10 00

La pièce.
Fr. c.

Charmant arbrisseau à feuilles pennées, folioles elliptiques, à fleurs blanches et odorantes comme celles de l'oranger.

**MYRSINE** africana, Lin. . . . . . . . . . . . . . . . 1 00

Arbuste touffu du Cap de Bonne-Espérance.

**PELARGONIUM** variés. . . . . . . . . . . . . . . . 0 75

— inquinans, Ait., *P. à fleurs rouge vif.* 0 75

**PERISTOPHE** speciosa, Nées., *Carmentine brillante*. . 1 00

Arbuste de l'Inde, à fleurs terminales d'un beau violet clair.

**PITTOSPORUM** sinense, Hort., *Pittospore de la Chine.* 1 00

Arbrisseau à feuilles ovales, mucronées, à fleurs blanches très-odorantes.

— sinense variegatum, *P. de la Chine.* 1 00

Arbrisseau à feuilles panachées de blanc.

— undulatum, And., *P. à feuilles ondulées.* 1 00

Fleurs blanches à odeur de jasmin.

**PLUMBAGO** zeilanica, Lin., *Dentelaire de Ceylan*. . . 0 75

Arbuste à fleurs blanches.

— Capensis, Thun., *Dentelaire du* Cap. . 1 00

Arbrisseau sarmenteux à fleurs bleu-tendre

— Juncea, *Dentelaire*. . . . . . . . . . 1 00

A rameaux junciformes, fleurs blanches.

**POLYGALA** latifolia, Ker. . . . . . . . la pièce. . . 1 00
la douzaine. 10 00

Charmant arbrisseau du Cap de Bonne-Espérance, à fleurs papillonnacées, roses violacées.

— myrtifolia, Lin., *Polygala à feuilles de myrte*. . . . . . . . . la pièce. . . 1 00
la douzaine. 10 00

Fleurs purpurines, très-belles.

— attenuata, Lood., *à feuilles atténuées*. . . 1 00

La pièce.
Fr. c.

**POLYGALA** *(Suite).*

— dalmaisiana . . . . . . . . . . . . . . . 1 00

— speciosa, CURT., *P. à belles fleurs* . . . . 1 00

Fleurs grandes, violet pourpre.

— simplex, BURCH . . . . . . . la pièce. . . 1 00

la douzaine . 10 00.

**POMADERRIS** rugosa . . . . . . . . . . . . . . . 1 00

Arbrisseaux à feuilles petites, rugueuses, blanchâtres, de la Nouvelle-Hollande.

**RONDELETIA** speciosa, LODD., *Rondeletia écarlate* . . 1 00

Arbrisseau de la Havane, à feuilles ovales, sessiles, fleurs en corymbe terminal, tubulées, rouge écarlate en dehors, à gorge jaune orangé ; exposition abritée, terre légère et fraîche.

**RUSSELIA** juncea, ZUCC., *Russelie junciforme*. . . . . 1 00

Arbuste du Mexique, à tiges nombreuses, grêles, presque sans feuilles, fleurs nombreuses, verticillées, tubuleuses, d'un rouge cocciné, en longue grappe à l'extrémité des rameaux ; culture en terre légère, tenue fraîche, exposition abritée, mais en plein soleil.

— multiflora, CURT. . . . . . . . . . . . . . . 1 00

Fleurs écarlates en verticille sur les rameaux, même culture.

— carminea, ROELZ, du Mexique . . . . . . . 1 00

**SALVIA** splendens, KER., *Salvia éclatante*, du Brésil . . 1 00

Fleurs en longs épis du rouge le plus vif.

— involucrata, CAV . . . . . . . . . . . . . . 1 00

Fleurs velues, rouge violacé.

**SAPINDUS** emarginatus, VAHL . . . . . . . . . . . 1 50

Arbre à savon de l'Amérique australe. L'enveloppe du fruit remplace le savon pour le blanchissage du linge et des étoffes ; culture sur le littoral algérien à exposition chaude.

La pièce.
Fr. c.

**SCHINUS** molle, LIN., MOLLÉ, improprement appelé Poivrier. . . . . . . . . . . . . . . . . la pièce . . 1 00
les 12. . . 10 00

Arbre originaire du Pérou, aux longs rameaux, effilés, pendants comme ceux du saule pleureur.

**SOLANUM** japonicum, HORT . . . . . . . . . . . . . . 1 00

Arbrisseau très florifère, à fleurs bleues violacées.

**SOPHORA** littoralis, SCHRAD. . . . . . . . . . . . . . 1 00

Arbrisseau du Brésil, à fleurs légumineuses, jaunes, en grappes.

**SPARMANNIA** africana, LIN . . . . . . . . . . . . . 1 00

Arbrisseau du Cap de Bonne-Espérance, à fleurs blanches, nombreuses pendant l'hiver.

**STATICE** grandiflora. . . . . . . . . . . . . . . . . . 0 75

Arbuste à feuilles d'un gris vert, brave la sécheresse.

**STEMONACANTHUS** salviæfolius, NÉES . . . . . . . 1 00
— macrophyllus, NÉES . . . . . . 1 00

Arbustes de l'Amérique méridionale, à feuillage abondant, à fleur tubuleuse écarlate; culture à bon abri, en terre additionnée de terreau et tenue fraîche.

**STROBILANTHES** scaber, NÉES . . . . . . . . . . . 1 00

**SWIETENIA** Senegalensis, DESF., *Kaya Senegalensis*, JUSS., acajou du Sénégal . . . . . la pièce . . 1 00
les 12. . . 10 00

Grand et bel arbre dans son pays originaire, donnant un excellent bois d'œuvre et propre à l'ébénisterie.

**TAMARINDUS** indica, LIN., *le Tamarin vrai* . . . . . 2 00

Arbre de l'Inde et de l'Afrique équatoriale, donnant une gousse remplie d'une pulpe sucrée, demi-rustique sur le littoral.

**TANGHINIA** venenifera, POIR., *Tanghin vénéneux*, de Madagascar. . . . . . . . . . . . . . 3 00

Arbre à poison, célèbre par l'emploi terrible qu'en

La pièce.
Fr. c.

font les Madécasses pour établir la culpabilité de leurs accusés.

**TECOMA** fulva, Don., *T. Brun.*, du Chili . . . . . . 1 00

Feuilles composées et pennées, fleurs tubulées, de couleur jaune ombrées de rouge.

**THEVETIA** neriifolia, Juss . . . . . . . . . . . . . . 1 50

Grand arbrisseau des Antilles, à grandes fleurs d'un beau jaune. Culture en Algérie à exposition chaude.

**THYRSACANTHUS** barlerioides, Nées . . . . . . . . . 1 00

**TRADESCANTIA** discolor, Ait., *éphémère à deux couleurs*, du Mexique. . . . la pièce. . 1 00
les 12. . . 10 00

Feuilles oblongues, vertes en dessus, pourpres en dessous.

**VANILLA** aromatica. Sw., *le Vanillier*. . . . . . . . 2 00

**VIBURNUM** odoratissimum, R. Br., viburnum sinense, Zey de la Chine . . . . . . . . . . . . . 0 75

Arbrisseau à larges feuilles ovales, fleurs blanches en corymbe.

— Awafuchi, Hort., aubier du Japon . . . . 1 00

— Suspensum, Hort . . . . . . . . . . . . 1 00

**VIMINARIA** denudata, Schmith . . . . . . . . . . . 1 00

Arbrisseau de la Nouvelle-Hollande.

**VIRGILIA** aurea, Lamk., Virgilier doré . . . . . . . 1 00

Arbrisseau de l'Abyssinie portant de nombreuses grappes de fleurs jaunes papillonnacées.

**VISNEA** mocarena, Lin., *le Mocan* . . . . . . . . . 2 00

Le Mocan est un grand arbrisseau de la famille des Ternstroëmiacées, qui est susceptible de prendre, avec le temps, les dimensions d'un arbre. Il croît spontanément dans les forêts situées sur les montagnes, aux Canaries, dans une zône comprise entre 400 jusqu'à 600 mètres audessus du niveau de la mer. Son feuillage est toujours vert ; il produit des petits fruits dont la pulpe est d'un

La pièce.
Fr. c.

goût un peu âpre quoique sucré et qui est très astringente. On en extrait un sirop d'une grande vertu, connu à Ténériffe sous la dénomination de *Lamédor de Mocan*, dont on fait usage, avec beaucoup de succès, pour la guérison de *l'Émophthysie*. L'on a vu, aux Canaries, de ces sortes de maladies, au second degré, guéries radicalement au bout d'un mois de traitement. Le sirop de Mocan ne s'est confectionné jusqu'ici, qu'à Ténériffe.

Les anciens Aborigènes, les Guanches, en mélangeant la pulpe de ce fruit avec du miel, composaient un onguent qu'ils appelaient *Chackerguen*, et s'en servaient comme remède souverain pour cicatriser les blessures vives.

Le bois de Mocan est marbré et acquiert un beau poli. D'après M. Berthelot, consul de France aux Canaries, qui a fourni la plupart des renseignements qui précèdent, à la Société Impériale d'acclimatation, on trouve encore des Mocans de haute futaie, dans la partie occidentale de l'archipel Canarien, mais ceux de l'île de Fer sont les plus remarquables, à cause de leurs dimensions colossales ; le tronc de quelques-uns mesure cinq à six mètres de circonférence.

Le Mocan devra être cultivé en Algérie dans les ravins abrités et un peu frais ; il lui faut une terre un peu siliceuse ; les terres connues ici sous le nom de *terre rouge* et les terrains schisteux peuvent lui convenir.

**WIGANDIA** Caracassana, Hort . . . . . . . . . . . . 1 00

Belle plante à larges feuilles rugueuses ; fleurs bleu-pâle, en grappes terminales ; terre riche, arrosements fréquents en été.

# VÉGÉTAUX SARMENTEUX ET GRIMPANTS

## ÉLEVÉS EN POTS

## PROPRES A GARNIR DES TONNELLES

**ARAUJA** sericifera, Brot., du Brésil . . . . . . . . . . 1 00

Plante vigoureuse, à feuilles cotonneuses, blanchâtres, fleurs petites, blanches, odorantes.

6

La pièce. Fr. c.

**ARISTOLOCHIA** Bonplandii . . . . . . . . . . . . . . 1 00

**BIGNONIA** unguis, LIN., *Bignone à ongles*, Antilles. . 1 00
— Tweediana . . . . . . . . . . . . . . . . . . 1 00
— Jasminifolia, H. B., Orénoque . . . . . . . .
Fleurs blanches.
— Manglesii . . . . . . . . . . . . . . . . . . 1 00
Fleurs nombreuses, jaune pâle, ponctuées de brun.

**BOUGAINVILLEA** spectabilis, WILD., *Bougainville remarquable* . . . . . . . . . . . . . . . . . . 1 00
— Warscewiczii, HORT., *B. de Warscewicz*. 1 00
— glabra, HORT . . . . . . . . . . . . . . 1 00

**CLEMATIS** smilacifolia, WALS, Népaul, *Clématite à feuilles de smilax* . . . . . . . . . . . . . 1 25

**CRYPTOSTEGIA** grandiflora, R. B . . . . . . . . . . 1 00

**DIOCLEA** glycinoïdes, D. C. *Dioclée glycinoïde*, Nouvelle-Espagne . . . . . . . . . . . . . . . . 0 75

**DISEMMA** adiantifolia, D. C. Nouvelle-Hollande. . . . 1 00

**EUSTREPHUS** angustifolius, R. BR., Nouvelle-Hollande 1 00

**GLYCINE** sinensis, LIN., *Glycine de la Chine* . . . . . . 1 00

**GUILANDINA** glabra, MILL . . . . . . . . . . . . . . 1 00
Amérique australe.

**HAPLOLOPHIUM** echinatum, CHAM . . . . . . . . . . 1 00
Très grande liane bignoniacée du Brésil.

**HARDEMBERGIA** monophylla, BENTH., de l'Australie. 1 00

**HETEROPTERIS** argentea, JUSS., Brésil . . . . . . . 1 00

**HEXACENTRIS** coccinea, NÉES., Inde . . . . . . . . 1 00

**HOYA** carnosa, R. B., *Hoya charnu*, Inde. . . . . . . 1 00

| | La pièce. Fr. c. |
|---|---|
| **IPOMEA** hybrida, Hort., . . . . . . . . . . . . . . . | 1 00 |
| — palmata, Forsk., du Sénégal . . . . . . . . | 1 00 |
| — Learii, Hook., Mexique . . . . . . . . . . . | 0 50 |
| — Baclii, Chois., Sénégal . . . . . . . . . . | 0 75 |
| **JASMINUM** azoricum, Lin., *Jasmin des Açores* . . . . | 1 00 |
| — glaucum, Ait., Cap de Bonne-Espérance. . | 1 00 |
| — flexile, Vahl., Inde . . . . . . . . . . | 1 00 |
| — grandiflorum, Lin., Inde. . . . . . . . . Jasmin à grandes fleurs ou Jasmin dit d'Espagne. | 0 50 |
| — Wallichianum, Lindl., Inde. . . . . . . . à fleurs jaunes inodores. | 0 75 |
| **LOPHOSPERMUM** scandens, Benth., Mexique . . . . | 1 00 |
| **MOGORIUM** sambac, Lam., *Jasmin d'Arabie* . . . . . | 1 00 |
| **MUHLENBECKIA** varians, Meisn., *Renouée à feuilles en cœur*. . . . . . . . . . . . . . . | 1 00 |
| **MURUCUJA** ocellata, Pers., *Passiflore ocellée* . . . | 1 00 |
| **PASSIFLORA** Brasiliensis, Desf., *Passiflore du Brésil*. | 1 00 |
| — cœrula, Lin. . . . . . . . . . . . . . | 1 00 |
| — edulis, Sims., *Passiflore à fruit comestible*, Brésil. . . . . . . . . . . . . | 1 00 |
| — filamentosa Cav., *P. à filaments*, Amérique méridionale . . . . . . . . . | 1 00 |
| — gracilis, Link., *P, à rameaux grêles*. . . | 1 00 |
| — hirsuta, Lin., *P. velue*, îles Caraïbes . . | 1 00 |
| — holosoricea, Lin., *P. à feuilles soyeuses*. . | 1 00 |
| — incarnata, Lin., Amérique méridionale | 1 00 |
| — laurifolia, Lin., Amérique méridionale. | 1 00 |
| — littoralis, H. B., du Pérou . . . . . . | 1 00 |
| — Loudonii, *P. de Loudon* . . . . . . . . | 1 00 |

La pièce.
Fr. c.

**PASSIFLORA** (*Suite*).

— lunata, Lin., *à feuilles lunaires*, Jamaïque . . . . . . . . . . . . . . . 1 00
— Martinii, Hort . . . . . . . . . . . . 1 00
— minima. Lin., *P. petite*, Amérique médionale . . . . . . . . . . . . . . . 1 00
— palmata, Lodd., *P à feuilles palmées*, Brésil . . . . . . . . . . . . . . . 1 00
— reflexiflora, Cav., *à fleurs inclinées*, Quito. 1 00
— serratifolia, Lin., *P. à feuilles en scie*, Amérique australe . . . . . . . . . . 1 00
— suberosa, Lin., *P. à tige subéreuse*, Antilles . . . . . . . . . . . . . . . . 1 00
— vespertilio, Lin., *P. Chauve-souris*, Amérique méridionale . . . . . . . . . 1 00

**PITHECOCTENIUM** muricatum, Moç., *Bignonia echinata, jacq.*, Brésil . . . . . . 1 00

**RHUS** radicans, Lin., *Sumac grimpant*, Virginie . . . 1 00

**SOLANUM** jasminoïdes, *Marelle à feuille de jasmin* . . 1 00

**SOLLYA** heterophylla, Lindl., Nouvelle-Hollande . . . 1 00

**STEPHANOTIS** floribunda, D. C., Madagascar . . . . 1 50

**TECOMA** Capensis, Thunb., Cap de Bonne-Espérance. . 1 00
— grandiflora, Dec., *Tecome à grandes fleurs* de la Chine . . . . . . . . . . . . . . . . . 1 00

**THUNBERGIA** grandiflora, Roxb . . . . . . . . . . . 1 00

Très belle liane à grandes fleurs lilas, originaire de l'Inde.

**THYLOPHORA** lutescens, Decn., Brésil . . . . . . . . 1 00

La pièce. F. C.

**TROPŒOLUM** pentaphyllum, LAM., *Chymocarpus pentaphyllus*, DON. . . . . . . . . . . . . 0 50

Gracieuse et fine plante de l'Amérique australe, propre à garnir les grillages, les berceaux, etc.

## ARBRES D'AGRÉMENT A FEUILLES CADUQUES

**ACACIA** julibrizin, WILD, *A. de Constantinople*, arbre de soie. . . . . . . . . . . 0 75

**BELLA-SOMBRA,** *Phytolocca dioïca*, LIN., Amérique australe. . . . . . . . .

**CATALPA,** *Bignonia catalpa*, LIN., Amérique septentrionale . . . . . . . . . . . 0 75

— Kaempferi, DNE. Japon . . . . . . . . . . 1 00

**CHICOT** du Canada, *Gymnocladus Canadensis*, LIN. . . 0 75

**CHIONENTE** de Virginie, *Chionanthus virginicus*, LIN. . 1 00

**CYTISE** des Alpes, *Cytisus laburnum*, LIN . . . . . . . 0 75

**ERABLE,** du Népaul, *Acer oblongum*, WALL. . . . . 1 00

**FRÊNE** à feuilles velues, *Fraxinus pubescens*, WALL., Amérique septentrionale . . . . . . . . . . 1 00

— à feuilles de noyer, *F. Juglandifolia*, LAMK., Amérique septentrionale . . . . . . . . . . 1 00

**GAINIER** des bosquets, *Cercis siliquastrum*. LIN., Europe australe. . . . . . . . . . . . . . . 0 75

**MACLURE** épineux, *Maclura aurantiaca*. NUTT., pommier des Osages. Louisiane. . . . . . . . 0 50

La pièce.
Fr. c.

**MERISIER** à grappes, *Cerasus-Padus.* D. C., Europe australe . . . . . . . . . . . . . . . . . 0 50

**ORME** de Chine, *Ulmus Sinensis*, Pers. . . . . . . . . 1 00
— fauve, *U. fulva*, Mich., Amérique septentrionale 1 00

**PAULOWNIA** imperialis, Sieb., du Japon . . . . . . . . 1 00

**PÊCHER** à fleurs doubles, *Persica vulgaris flore pleno*. 0 75

**PISTACHIER** de l'Atlas, *Pistacia Atlantica*, Desf. . . 1 00

**PLANERA** creneta, Desf., *Zelcowa de Tiflis* . . . . . . 1 00

**PLAQUEMINIER** d'Italie, *Dyospiros lotus*, Lin. . . . . 0 75

**PTELEA** trifoliata, Lin., orme de Samarie, Caroline . . 0 75

**ROBINIER** rose, *Robinia hispida*, Lin., Caroline . . . . 0 75
— parasol, *Acacia boule*, *R. umbra culifera*, D. C. . 1 00
— hybride, *R. hybrida*, Hort., . . . . . . . . 1 00
— visqueux, *R. viscosa*, Vent., Caroline . . . . 0 75
— pyramidal, *R. Pseudo-acacia pyramidalis*, Hort. . . . . . . . . . . . . . . . . . 0 75
— tortueux, *R. Pseudo-acacia tortuosa*, greffé . 0 75

**SAVONIER** paniculé, *Kœlreutheria paniculata* . . . . . 0 75

**SOPHORA** du Japon, *Sophora Japonica*, Lin. . . . . . 0 75
— pleureur, *Sophora Japonica pendula*, Hort . . . . . . . . . . . 1 50

**SORBIER** des oiseaux et d'Amérique, *Sorbus aucuparia et Americana* . . . . . . . . . . . . . . 0 75

**STERCULIER** à feuilles de platane, *Sterculia platanifolia*, Lin., Chine . . . . . . . . . . 0 75

**TILLEUL** de Hollande, *Tilya platiphylla*, Vent. . . . . 1 00

# BAMBOUS.

---

| | | | |
|---|---|---|---|
| **Bambou** de l'Inde, *Bambusa arundinacea*, le gros Bambou, pieds enracinés, (1). . | la pièce. . . | 0 50 |
| | les 50. . . . | 22 00 |
| | le 100. . . . | 40 00 |
| — de Madagascar, *B. Thouarsii*. . . pieds enracinés. . . . . . . . . | la pièce. . . | 0 45 |
| | les 50. . . . | 20 00 |
| | le 100. . . . | 35 00 |
| — épineux, *B. Spinosa*, pieds enracinés éclats avec racines. . . . | la pièce. . . | 0 40 |
| | les 50. . . . | 8 00 |
| | le 100. . . . | 15 00 |

Le Bambou épineux, planté en lignes à 0 mètre 50, forme de bons abris, des haies littéralement impénétrables et au travers desquelles aucun animal ne peut passer. Il faut, à cet effet, un terrain de qualité moyenne qui ne se dessèche pas trop. On livrera des *éclats* de Bambou épineux à raison de quinze francs le cent, pour cette destination.

| | |
|---|---|
| — comestible des Chinois, *B. mitis*, pieds enracinés. . . . . . . . . . . . . . . . . . . . | 0 50 |
| — noir, à cannes, *B. nigra*, pieds enracinés. . | 0 50 |
| — jaune ligné de vert, *B. variegata*, pieds enracinés. . . . . . . . . . . . . . . . . . . . | 1 00 |
| — verticillé, *B. verticillata*, pieds enracinés. . . | 1 00 |
| — Calame, *B. scriptoria*, pieds enracinés. . . . | 0 75 |
| — Arundinaria falcata, Lindl., *petit Bambou du Népaul*. . . . . . . . . . . . . . . . . | 0 75 |

Le Bambou est originaire de la zone tropicale, il est commun aux régions chaudes de l'Asie, de l'Afrique et de l'Amérique. C'est un des végé-

---

(1) Ces prix non compris celui de l'emballage de la motte, qui est de fr. 20 c. voir page 3.

taux les plus répandus dans les basses latitudes. Dans l'extrême Orient, il a une importance considérable, et les habitants de ces contrées ont su l'utiliser sous toutes les formes. Par la culture, les Chinois l'ont reculé assez loin vers le Nord ; ils en ont acclimaté certaines espèces jusque sous la latitude de Pékin, où les hivers sont beaucoup plus froids que dans le Nord de la France, mais, en revanche, les chaleurs y sont beaucoup plus élevées pendant l'été. Toutefois, ces Bambous sont bien loin de prendre les dimensions de ceux qui croissent dans les régions plus chaudes.

Le Bambou appartient à la famille des graminées ; ses nombreuses tiges représentent des chaumes ligneux et arborescents. La dimension et la consistance de ces tiges varient suivant les espèces. Les unes ont, à la base, le diamètre de la tête d'un homme, une élévation de 15 à 20 mètres et donnent la charpente pour la construction des habitations ; les autres, de la grosseur du doigt, sont effilées, souples et nerveuses, servent à faire des cordes, des nattes et d'autres objets, étant divisées en lanières, quelquefois d'une ténuité extrême. D'autres, dont les rameaux sont armés d'aiguillons, font des haies impénétrables ; d'autres, enfin, d'un tissu moins dense, ont leurs jeunes pousses utilisées comme légumes, lorsqu'elles sortent de terre, comme les asperges.

Les caractères principaux qui distinguent les espèces de Bambou entr'elles ne se bornent pas à la dimension, à la forme et à la consistance des tiges : leur mode de végétation présente aussi des différences notables : tantôt ils croissent en touffes serrées, comme dans les *Bambusa arundinacea, thouarsii, distorta, spinosa, verticillata ;* tantôt ils tracent souterrainement et envoient dans tous les sens des jets qui envahissent rapidement de grandes surfaces de terrain, tels que les *Bambusa nigra et mitis ;* les espèces qui affectent cette dernière forme de végétation sont plus aptes à s'élever vers le Nord que celles dont les bourgeons se superposent en touffes serrées ; celles-ci exigent une somme de chaleur plus forte.

La plupart des espèces de Bambou peuvent réussir en Algérie : celles qui sont consignées au présent Catalogue ont donné ici d'excellents résultats. Les plus grandes sortes, telles que les *Bambusa arundinacea* et *thouarsii*, ont développé des jets de 15 à 18 mètres de haut, ayant une circonférence de quarante-cinq centimètres à la base. Dans cet état, ces tiges pourraient déjà rendre des services considérables à l'industrie rurale, pour la construction des séchoirs à tabac, des hangards, bergeries, magnaneries, etc. Ces charpentes légères peuvent supporter des couvertures en paillassons, en roseaux de marais et mieux encore en feuilles de latanier, qui unissent la légèreté à la durée et dont la pose est très expéditive. Chaque feuille de latanier représente une tuile de un mètre superficiel.

Pour ce qui est de la localisation de la culture du Bambou en Algérie, toutes les espèces réussiront, dans les terrains convenables, à une altitude supra-marine inférieure à 400 mètres ; au-dessus, il n'y aura plus guère que les espèces traçantes qui pourront résister convenablement à l'abaissement de la température pendant l'hiver ; les représentants de cette section du genre bambou se bornent, quant à présent, dans notre pépinère; au *Bambusa mitis* et au *Bambusa nigra*.

La culture du bambou, en général, n'est pas difficile; cependant elle exige certaines précautions pour la plantation et de la surveillance jusqu'à ce que les jeunes plants aient atteint un certain développement.

Ce végétal demande un bon terrain, profond, perméable, qui ne soit ni fort, ni compact. Il lui faut de l'humidité pendant l'été, mais l'eau stagnante à son pied lui est manifestement nuisible, surtout pendant l'hiver.

Le Bambou ne peut réussir dans les lieux que le bétail fréquente; ses jeunes pousses seraient cassées et dévorées à mesure qu'elles se développeraient, surtout dans les nouvelles plantations.

La multiplication du Bambou se fait par l'éclat des souches et plus facilement par boutures. Quelques espèces donnent des graines, mais cette circonstance se présente rarement.

Les plantations définitives peuvent se faire par des boutures mises directement à demeure ou avec des plants enracinés, obtenus de boutures, âgés de 1 à 2 ans et élevés en pépinière. Ce dernier moyen, quoique revenant un peu plus cher, est toujours préférable; la reprise est plus certaine et plus régulière, et l'on gagne du temps.

Pour des plantations à demeure, la disposition en lignes est la préférable; elle facilite les irrigations et les diverses opérations d'entretien. On met les plantes à une distance de deux mètres cinquante centimètres à trois mètres sur la ligne, et les lignes espacées les unes des autres de quatre à cinq mètres. Cet écartement s'entend pour les grandes espèces: on peut le diminuer pour ceux des espèces moindres. On peut, avec les grandes sortes de Bambou, et en suivant cette disposition, border des allées, des chemins, accompagner des canaux d'irrigation, pourvu qu'ils ne conservent pas l'eau en permanence pendant l'hiver, avec cette restriction, les Bambous conviennent parfaitement pour border les grandes rigoles d'irrigation; lorsque les touffes sont développées, elles retiennent les terres, les tiges chargées d'un abondant feuillage forment un berceau impénétrable aux rayons du soleil et arrêtent l'évaporation.

La préparation la plus économique à donner au sol, et qui convienne en même temps à la destination dont il s'agit, est de creuser des tranchées de un mètre trente à un mètre cinquante centimètres de largeur sur soixante-dix à quatre-vingt centimètres de profondeur, on dépose la terre de chaque côté, en l'enlevant par couches, jusqu'à ce que l'on soit parvenu à la profondeur voulue. Si on peut laisser la tranchée ouverte pendant quelques mois, avant la plantation, la préparation en sera bien meilleure, parce que la terre exposée au jour s'améliorera beaucoup sous l'influence des agents atmosphériques.

En remettant la terre en place, on aura soin de la mélanger, de manière à ce qu'il y ait partout une égale proportion de la terre du fond et de celle de la surface Il faut remettre sur le tracé de la tranchée toute la terre qui en a été extraite; il en résultera un petit exhaussement qui disparaîtra à la longue par le tassement. Si on se contentait de remplir la tranchée au niveau du sol environnant, les plants se trouveraient bientôt dans un fossé, ce qui leur serait préjudiciable.

La saison favorable pour la plantation du bambou est le courant du mois de mars. Pour faire des boutures, on prend des jets de Bambou d'une année de pousse ; les jets de grosseur moyenne sont préférables. On donne un trait de scie au milieu de chaque entre-nœud, on a ainsi des tronçons de 0m 25 c. à 0m 30 c. de longueur environ, dont le milieu est occupé par un nœud, sur lequel se trouve l'œil ou bourgeon à naître. Pour cette opération, il faut se servir d'une scie en bon état et à dents très fines, une scie de menuisier, et faire agir les dents à rebours, ou tracer, à l'endroit où l'on doit couper, un trait circulaire avec un instrument bien tranchant, une bonne serpette, par exemple.

Pour planter les boutures, on creusera aux endroits indiqués pour la plantation à demeure, de petites fosses, que l'on comblera aux deux tiers avec de la terre fine, à laquelle on ajoutera du terreau ou du fumier bien consommé, que l'on mélangera avec elle. On placera la bouture horizontalement dans cette fosse, l'œil en-dessus, on remplira la fosse avec la terre meuble mélangée de fumier consommé ou de terreau, de façon à ce que l'œil soit recouvert de six centimètres au plus. On pratique ensuite, à la surface, un bassin large et peu profond, sur lequel on étendra une couche légère de fumier à demi-consommé. Cette couche de fumier empêche la terre de durcir à la surface et conserve la fraîcheur plus longtemps. On donne ensuite un bon arrosage à chaque bouture.

Les plants enracinés doivent être enlevés de la pépinière avec de la terre adhérente aux racines, et la motte empaquetée, afin que la terre ne se détache pas pendant le transport. Les tiges devront être taillées court au moment même de l'arrachage. Cette précaution a pour but d'empêcher l'aspiration des parties foliacées et herbacées, qui font vite rider les tiges lorsque les racines sont détachées du sol, et une fois que les tiges sont ridées, la reprise est gravement compromise.

On peut mettre les plants en terre avec la paille qui enveloppe leur motte, afin de ne pas courir le risque de briser cette dernière ; seulement lorsque la fosse est aux trois quarts remplie, on coupe le lien qui attache le sommet de l'enveloppe de paille au collet du plant, on écarte ces extrémités et on les met sous terre. Il ne faut remplir le trou qui a été pratiqué et ne mettre autour des racines que de la terre bien meuble, et à laquelle on aura ajouté du terreau. On foule la terre avec le pied autour de la motte, et, lorsque tout est remis en place, on pratique un bassin autour de la plante, sur lequel on étendra une couche de fumier à demi consommé, après quoi on donnera un abondant arrosage, c'est-à-dire une trentaine de litres d'eau pour chaque plante : il faut prendre ses mesures pour que cet arrosage soit donné aussitôt l'arbre planté.

Pendant la première année de plantation, on devra veiller à ce que les boutures ou les plants n'aient jamais soif ; on devra les irriguer abondamment au moins une fois tous les quinze jours pendant les fortes chaleurs. On devra donner des binages pour empêcher la terre de durcir et les herbes de croître dans les lignes plantées.

Les années suivantes les soins consistent à donner un bon piochage à la fin de l'hiver, à biner fréquemment ensuite, pour tenir la terre meuble, et donner des irrigations pendant la sécheresse.

La croissance du Bambou peut être comparée à celle des asperges ; la première année de plantation le jet est médiocre ; la seconde année, il en part un nouveau du pied qui prend un peu plus de développement. Ce n'est que la troisième année que les plants du Bambou donnent des jets de grosseur à être utilisés. Il faut que ces jets aient dix-huit mois d'âge environ pour qu'ils aient la consistance nécessaire.

C'est vers la fin de l'hiver qu'il convient de faire l'abattage des tiges du Bambou pour les exploiter.

---

# ARBRES DES RÉGIONS CHAUDES ET TEMPÉRÉES

ÉLEVÉS EN PLEINE TERRE.

---

| | La pièce. Fr. c. |
|---|---|
| **CITHAREXYLUM** caudatum, LIN., Jamaïque | 1 00 |
| — cinereum, LIN., Guitarin cendré, Brésil | 1 00 |
| — pentandrum. VENT., Portorico | 1 00 |
| — quadrangulare, LIN., bois de guitare. Antilles | 1 00 |
| — subserratum, SW., St. Domingue | 1 00 |
| — villosum, JACQ., guitarin velu. St. Domingue | 1 00 |
| **CERASUS** lauro-cerasus. JUSS., *Laurier au lait*, *Laurier cerise* de Trébizonde, à lever en motte | 1. 50 |
| **CORDIA** scabra, DESF. Inde, *Sébestier à feuilles rudes* | 1 00 |
| — domestica, ROTH, Inde, *S. domestique* | 1 00 |
| **COULTERIA** tinctoria, H. B., du Mexique | 1 00 |
| **DOMBEYA** palmata, CAV. | 1 00 |

Arbre à grandes feuilles palmées, de l'île de la Réunion.

| | La pièce. Fr. c. |
|---|---|
| **FICUS** afzelii, G. Don., *de l'Inde* . . . . . . . . . . | 2 00 |
| — bengalensis, Lin., figuier du Bengale . . . . . | 2 00 |
| — benjamina, Lin., Inde, Chine méridionale . . . | 2 00 |
| — elastica, Roxb., Inde, *Figuier à caoutchouc*, fort. | 2 00 |
| — laurifolia, Lam., Antilles, *Ficus à feuille de laurier*. . . . . . . . . . . . . . . . . . | 2 00 |
| — levigata, Wall., Saint-Domingue, *F. à feuilles lisses*, fort . . . . . . . . . . . . . . . | 2 00 |
| — nitida, Thunb., Inde, Chine méridionale. . . . | 2 00 |
| — oppositifolia, Roxb., Inde, *F. à feuilles opposées*. | 1 00 |
| — phytolaccœfolia, Desf . . . . . . . . . . . . | 2 00 |
| — racemosa, Lin., Inde, *F. fruits en grappes* . . | 2 00 |
| — reclinata, Desf., *F. à rameaux pendants* . . . . | 1 00 |
| — scabra, Willd., Guinée, *F. à feuilles rudes* . . | 1 00 |
| — sycomorus, Lin., *Sycomore d'Egypte*. . . . . . | 1 00 |
| — Tsjiela, Roxb., Inde. . . . . . . . . . . . . . | 2 00 |

NOTA : Les ficus sont de beaux arbres toujours verts qui doivent être transplantés en motte.

| | |
|---|---|
| **GREWIA** orientalis, Lin., Inde, *Grewie d'Orient*. . . . | 1 00 |
| — occidentalis, Lin., Ethiopie, *G. d'Occident*. . | 1 00 |
| **LAURUS** nobilis, Lin., *Laurier à sauce*, à lever en motte | 1 00 |
| **PARATROPIA** venulosa, Wihgt. et Arn., Inde . . . . | 1 00 |
| — Longifolia, D. C. Java . . . . . . . . . . | 1 00 |
| **SAPINDUS** indica, Poir., *Savonnier des Indes*. . . . . | 1 00 |
| — surinamensis, Poir., *S. de Surinam* . . . | 1 00 |
| **SCHINUS** terebenthifolius, Raddi., Brésil, *Mollé Therebenthe*. . . . . . . . . . . . . . | 1 00 |
| — areira, Lin., Pérou, *M. areira*. . . . . . . | 1 00 |
| — molle, Lin., Brésil, Pérou, *faux poivrier*. . . | 1 00 |

La pièce.
Fr. C.

**ZIZIPHUS** bacleï, DEN., *Jujubier du Sénégal* . . . . . 2 00
— orthacantha, D. C. Sénégal . . . . . . . . . 2 00

Joli arbre toujours vert, donnant des fruits mangeables.

NOTA. — La transplantation de la plupart de ces arbres doit se faire après la saison hivernale, au moment où la température se relève.

# ARBRISSEAUX EXOTIQUES ET D'AGRÉMENT

## ÉLEVÉS EN PLEINE TERRE.

On livrera au choix de l'établissement

| | | | | | |
|---|---|---|---|---|---|
| 50 Arbrisseaux en | 25 espèces | étiquettées | .............. | pour | 25 fr. |
| 100 — | 50 | — | .............. | pour | 45 fr. |
| 300 — | 50 | — | .............. | pour | 150 fr. |

**ABUTILON** Bedfordianum, BOT. MAG. Brésil, *Abutilon de Bedford* . . . . . . . . . . . . . . . 0 75
— hybridum, HORT., *A. hybride* . . . . . . . . 0 75
— Hallerii, HORT., *de Haller* . . . . . . . . . 0 75
— striatum, HORT., Brésil, *A. à fleurs striées*. . 1 00
— venosum, PAXT., MAG., Brésil, *A. à fleurs veinées* . . . . . . . . . . . . . . 1 00
— Van-Houttei, HORT., *de Van-Houtte*. . . . . 1 00

**ACACIA** cavenia, HOOK, *Acacie de Buenos-Ayres*. . . . 0 60
— Farnesiana, WILLD., *A. de Farnèse*. . . . . . 0 60
— leucocephala, LINK., *A. à têtes blanches*. . . . 0 50
— Portoricensis, WILLD., *A. de portorico*. . . . 1 00
— quadrangularis, LINK., *A. à quatre angles*, Caracas. . . . . . . . . . . . . . . 1 00

| | La pièce. Fr. c. |
|---|---|
| **AMIGIA** zygomeris, D. C., *Mexique* . . . . . . . . . | 1 00 |
| **AMIROLA** nitida, Pers., *Pérou* . . . . . . . . . . . | 1 00 |
| **AMORPHA** Lewisii, Lodd., *Amorphe de Lewis*, Amérique septentrionale . . . . . . . . . . | 0 40 |
| — fruticosa, Lin., *A. petit arbre*, Amérique septentrionale . . . . . . . | 0 40 |
| **BACCHARIS** halimifolia, Lin., *Seneçon en arbre*, Caroline . . . . . . . . . . . . . . | 0 75 |
| **BERBERIS** vulgaris, Lin., *Épine-Vinette ordinaire*, Europe . . . . . . . . . . . | 0 40 |
| — Sinensis, *E.-V., de la Chine* . . . . . . | 0 50 |
| — aristata, D. C. *E.-V. aristée*, Népaul. . . | 0 50 |
| — Asiatica, Roxb., *E.-V. d'Asie*, Népaul . . . | 0 50 |
| — Canadensis, D. C., *E.-V. du Canada* . . . | 0 50 |
| — purpurea, Hort. *E.-V.* pourpre . . . . . | 0 50 |
| **BIDENS** crocata, Cav., *Bident à fleurs jaunes*, Mexique | 0 75 |
| **BRANDESIA** porrigens, Mart., *du Mexique* . : . . . | 0 40 |
| Arbre à nombreux épis rouges. | |
| **BUMELIA** tenax, Wild., *Caroline* . . . . . . . . . . . | 1 00 |
| **BUDDLEIA** Madagascariensis, Vahl., *Budlège de Madagascar* . . . . . . . . . . . . . | 0 75 |
| **CALLICARPA** macrophylla, Vahl., Inde, *Callicarpa à larges feuilles* . . . . . . . . . . . | 0 75 |
| — americana, Lin., Caroline . . . . . . . | 0 75 |
| **CASSIA** corymbosa, *C. à fleurs en corymbe* . . . . . . | 0 30 |
| — falcata, *C. à feuilles en faulx* . . . . . . . . | 0 30 |
| — grandiflora, *C. à grandes fleurs* . . . . . . . | 0 30 |
| — humilis, *C. petite* . . . . . . . . . . . . . | 0 30 |

La pièce.
Fr. c.

**CASSIA** schinifolia, *C. à feuilles de schinus* . . . . . 0 30
— sophora . . . . . . . . . . . . . . . . . . . . 0 30
— torosa, *C., de la Chine* . . . . . . . . . . . . 0 30

**CALYCANTHUS** præcox, LIN., *Calycante précoce*, Chine . . . . . . . . . . . . . . . 1 00

**CELASTRUS** edulis, FORSK., *Celastre comestible, Cât d'Arabie* . . . . . . . . . . . . . . . 1 00

Les Arabes de l'Yémen mangent les feuilles comme excitant et les prennent en infusion comme le thé.

**CERASUS** Padus, D. C. *Merisier à grappes*, Europe australe . . . . . . . . . . . . . . . . 0 75
— lusitanica, *Laurier du Portugal, Azarero*. . . 1 00

**CESTRUM** vespertinum, LIN., Antilles, *Cestreau Chauve-souris* . . . . . . . . . . . . . . . . . 0 75
— aurantiacum, HORT., Guatemala, *C. couleur orange* . . . . . . . . . . . . . . . . . 1 00
— parqui, HERIT., Chili, Buenos-Ayres, *C. à fruit noir* . . . . . . . . . . . . . . . . . 0 50
— Warscewiezii, HORT . . . . . . . . . . . . . 1 00
— Nocturnum, LIN., Amérique méridionale . . 1 00

**CLERODENDRON** fragans, WILD, *Peragut odorant du Japon* . . . . . . . . . . . . . . 0 75
— simplex, *P. à feuilles simples* (C. LINDLEYI, D.) Chine . . . . . . . 1 00
— Bungei, STEUD., *P. de Bunge*, Chine 0 50
— inerme, R. BR., *Peragut sans épines*, Inde, Chine . . . . . . . . . . 1 00
— ternifolium, KUNTH., *P. à feuilles ternées*, Orénoque . . . . . . . 1 00

La pièce.
Fr. c.

**COLUTEA** arborescens, Lin., Europe Australe, *Bagnaudier arborescent* . . . . . . . . . . . . . . . 0 50

**CORNUS** sanguinea, Lin., Europe australe, *Cornouiller sanguin* . . . . . . . . . . . . . . . . . . . 0 60

— mas, Lin, C. *mâle*, Europe . . . . . . . . . 0 60

**CRATÆGUS** racemosa, Lam. *Amelanchier du Canada*. . 0 75

— crus-galli, Lin., Amérique septentrionale, *Aubépine ergot de coq* . . . . . . . . . . 0 75

— pyracanta, Pers., *Buisson ardent*, Europe australe . . . . . . . . . . . . . . . . 0 75

— Oxyacantha, Lin. Aubépine. . . . . . . . . 0 75

— — flore albo pleno, Aubépine. . 0 75
Fleur blanche double.

— — flore rosea plena, Aubépine. . 0 75
Fleur rose double.

— — flore plena coccinea . . . . 0 75
Fleur cramoisie.

**DATURA** arborea, Lin, Amérique Australe, *Dature en arbre*. . . . . . . . . . . . . . . . . . . . . 0 50

— suaveolens, H. B. Mexique. . . . . . . . . 1 00

**DARLINGTONIA** glandulosa, D. C. *Darlingtonie à glandes*, Amérique septentrionale. . 0 50

**DESMANTHUS** virgatus, Wild., *Desmanthe rayé*, Inde. 0 50

**DEUTZIA** scabra, Thunb., *Dentzie à feuilles rudes*, Japon. 0 75

-- gracilis, Zucc., *D. grêle*, Japon . . . . . . . 0 75

**DODONEA** Burmanianna, D. C. *Dodonée de Burmann*. 0 50

**DURANTA** plumierii, Lin., Antilles, *Durante de Plumier*. 1 00

— inermis, Lin., Antilles, *D. sans épines*. . . 1 00

— cllisia, Lin., Antilles, *D. ellise* . . . . . . 1 00

| | | La pièce. Fr. c. |
|---|---|---|
| **ERYTHRINA** | crista-galli, Lin., Brésil, *Erythrine crête de coq* | 1 00 |
| — | speciosa, Andr., Inde, *E. brillante* | 1 50 |
| — | corallodendrum, Lin., Iles Caraïbes, *E. arbre de corail* | 1 00 |
| — | caffra, Thunb., Afrique Australe | 1 00 |
| — | laurifolia, Jacq., Brésil | 1 50 |
| — | cottiana, Hort | 1 50 |
| — | picta, Lin., Moluques | 1 50 |
| **EVONIMUS** | japonicus, Lin., *Fusain du Japon* | 0 60 |
| — | *F. du Japon à feuilles panachées* | 0 75 |
| **FONTANESIA** | phyllirææoïdes, Labill, Syrie, *Fontanésie à feuilles de filaria* | 0 75 |
| **GUILANDINA** | bonduc, Lin., Inde, Antilles, *Canique de la Guadeloupe* | 1 00 |
| **HIBISCUS** | abelmoschus, Lin., Inde, *Mauve ambrette* | 0 75 |
| — | diversifolius, Jacq., Inde, *Mauve à feuilles changeantes* | 0 75 |
| — | immutabilis, Hort., *Mauve à couleur fixe* | 0 60 |
| — | mutabilis, Lin., Inde, *M. à couleur changeante* | 0 60 |
| — | mutabilis, flore pleno | 1 00 |
| — | syriacus, Lin., Syrie, lilas double | 0 60 |
| — | — rose double | 0 60 |
| — | — violet double | 0 60 |
| — | — blanc double | 0 60 |
| **HYPERICUM** | hircinum, Lin., Europe australe, *Mille-pertuis à odeur de bouc* | 0 50 |
| — | calycinum, Lin., Orient, Mont-Olympe, *M. à grandes fleurs* | 0 60 |

| | La pièce. Fr. c. |
|---|---|
| **ILEX** aquifolium, Lin., Europe, *Houx ordinaire* . . . . . | 0 75 |
| **JASMINUM** Wallichianum, Lind., *Jasmin de Wallich*, à fleurs jaunes inodores, de l'Inde . . . | 0 75 |
| **JUSTICIA** adathoda, Lin., Inde, *Carmentine de Ceylan* . | 0 50 |
| — lucida, Andr., Antilles, *C. à feuilles luisantes*. | 0 75 |
| — quadrifida, Vahl., Nouvelle Espagne, *C. à feuilles divisées en quatre* . . . . . . . . . | 0 60 |
| **KERRIA** Japonica, D. C. *Corète du Japon* . . . . . . | 1 00 |
| **LAGERSTRŒMIA** indica, Lin., *Lagerstremie des Indes*. | 1 00 |
| **LANTANA** albo-rosea, Hort., *Lantana rose et blanc* . . | 0 50 |
| — corymbosa, Lin., Amérique australe . . . . . | 0 50 |
| — camara, Lin., Amérique australe, *L. changeant* . . . . . . . . . . . . . . . . . | 0 50 |
| — Fillonii, Hort., *L. de Fillon*. . . . . . . . | 0 75 |
| — Laisneana, Hort., *L. de Laisné*. . . . . . | 0 50 |
| — geroldiana, Hort. . . . . . . . . . . . . | 0 50 |
| — nivea, Vent., Inde, *L. blanc de neige* . . . | 0 50 |
| — Mexicana, Hort., *L. du Mexique* . . . . . | 0 50 |
| — trifoliata, Lin., Antilles, *L. à trois feuilles* . | 0 50 |
| — Melissæfolia, Ait., Brésil., *L. à feuilles de Mélisse*. . . . . . . . . . . . . . . . | 0 50 |
| **LEONOTIS** leonurus, Pers., *Léonotis queue de lion*, Cap de Bonne-Espérance. . . . . . . . . . | 1 00 |
| **LIGUSTRUM** vulgare, Lin., Europe, *Troene ordinaire* . | 0 50 |
| — sinense, Lour., *T. de la Chine*. . . . . . . | 0 75 |
| — japonicum, Thunb., *T. du Japon*. . . . . | 0 75 |
| **LINUM** trigynum Roxb., Inde. *Lin à grandes fleurs jaunes*. | 0 75 |
| **LEYCESTERIA** formosa, Wall., Népaul. . . . . . . . | 1 00 |

La pièce.
Fr. c.

**MALVAVISCUS** mollis, D. C. Mexique, *Mauvisque à feuilles molles* . . . . . . . . . . 1 00

**MELIANTHUS** minor, Lin., Cap de bonne Espérance, *Mélianthe petite* . . . . . . . . . . 0 50

**NERIUM OLEANDER** *Laurier-rose, nérion*, jeunes plantes. . . . . . . . . . . 0 50
— rose double. . . . . . . . . .
— album dupleci, blanc double.
— Henri de France, blanc simple.
— Maréchal Randon . . . . . .
— striatum plenum, double strié.

**NÉSÆA** salicifolia, H. B. (*Heimia*) Nouvelle-Espagne. 0 50
— myrtifolia Schlcht., Brésil. . . . . . . . . . 0 50

**PANAX** aculeatum, Ait., Chine, *panax épineux*. . . . 1 00

**PAVONIA** spinifex, Cav., Amérique australe, *P. à fruit épineux* . . . . . . . . . . . . . . . . 0 50
— hastata, Cav., Brésil, *P. à feuilles en hallebarde*. . . . . . . . . . . . . . . . . . 0 60
— cunéïfolia, Cav., *à feuilles en coin*. . . . . 0 60

**PHILADELPHUS** coronarius, Lin., *Séringat odorant*, Europe australe. . . . . . . . . . 0 60
— grandiflorus, Willd., Amérique septentrionale, *S. à grandes fleurs*. . . 0 60
— inodorus, Lin., Caroline, *S. inodore*. . 0 60

**PHOTINIA** serrulata, Lindl., Chine, *Alisier à feuilles dentelées* . . . . . . . . . . . . . . . 1 00
— integrifolia, Lindl., Népaul, *A. à feuilles entières* . . . . . . . . . . . . . . . . 1 00

La pièce.
Fr. c.

**PIPER** aduncum, Lin., Antilles. . . . . . . . . . . 1 00

**POINCIANA** Gilliesii, Hook., Amérique australe, *Poincillade de Gillies*. . . . . . . . . . . 0 60

**POINSETTIA** pulcherrima, Graham., Mexique, *Poinsettie très belle*. . . . . . . . . . . . . . . 1 00

**PUNICA** granatum, Lin., Numidie, *Grenadier à fleurs rouges, doubles*. . . . . . . . . . . . . 0 75

— albescens, Hort., *G. à fleurs blanches*. . . . 0 50

— flavum, Hort., *G. à fleurs jaunes*. . . . . . . 0 50

— nanum, Hort., *G. nain*. . . . . . . . . . 0 50

**RAPHIOLEPIS** indica, Lindl., Chine (*à lever en motte*). 1 00

— rubra, Lindl., Chine ( *id.* ). 1 00

**RHAMNUS** alaternus, Lin., Europe australe, *R. alaterne*. 1 00

**RHUS** cotinus, Lin., Europe australe, *Sumac fustet, arbre à perruque*. . . . . . . . . . . . . . . . . 0 50

— glabra, Lin., Amérique septentrionale, *S. vinaigrier*. . . . . . . . . . . . . . . . . . . . 0 50

— typhina, Lin., *S. de Virginie*. . . . . . . . . 0 50

**RIBES** aureum, Purch., Amérique septentrionale *Groseiller à fleurs jaunes* . . . . . . . . . . . 0 50

**RIVINA** humilis, Lin., Antilles, *Rivine naine* . . . . . 0 50

**RUELLIA** sabiniana, Wall., Inde, *Ruellie à feuilles pourpres* . . . . . . . . . . . . . . . . 0 75

— varians, Vent. . . . . . . . . . . . . . . . . 0 75

La pièce.
Fr. c.

**ROSA BENGALENSIS**, *Rosier du Bengale*. . . . . . 0 50

BENGALE ORDINAIRE.

Bourbon.
Camelia.
Carmin d'Iébles.
Carmin vif.
Caroline.
Cels.
Clémentine.
Cramoisi supérieur.
Darius.
Eugène Beauharnais.
Ermite.
Grande et belle.
Gouvion Saint-Cyr.
Gauffré.
Mongibel.
Nain rose.
Pompon Lawrence.
Pourpre.
Prince Charles.
Tête de Nègre.
Du Luxembourg.

**ROSA BANKSEANA**, *Rosier Banks*, blanc. . . . . . 0 50

— **HYBRIDA**, *R. Hybride*. . . . . . . . . . . . 0 50

Baronne Prevost.
Duc d'Isly.
Duchesse de Turinge.
Génie de Châteaubriant.
Gloire de Guérin.
Géant des batailles,
Julie Dupont.
La Reine.
Madame Laffay.
Mélanie Cornu.

**ROSA BORBONICA**, *R. de l'Ile Bourbon*. . . . . . 0 50

Belle Laure.
Cérès.
Henry Plantier.
Hermosa.
Madame de Villars.
Pucelle Génoise.
Reine des Iles Bourbon.
Souvenir de la Malmaison.
Theresita.
Mistris Bosanquet.

— **BRACTEATA**, *Maria Leonida*. . . . . . . . . 0 50

— **MULTIFLORA**, *Laure Davoust*. . . . . . . . 0 50

— **NOISETTIANA**, *R. Noisette*. . . . . . . . . 0 50

Aimée Vibert.
Bougainville.
Cromatella.
Euphrosine.
Labiche.
Maculée de Buret.
Ordinaire.

La pièce.
Fr. c.

**ROSA INDICA**, *R. thé* . . . . . . . . . . . . . . . . . . 0 50

| | |
|---|---|
| Argento. | Hyppolyte. |
| Belle Élise. | Couleur de chair. |
| Bougère. | Strombio. |
| Bourbon. | Triomphe du Luxembourg. |
| Cels multiflore. | Virginal. |
| Clara Sylvain. | Walter Scoot. |
| Gloire de Dijon. | La Nymphe. |
| Maréchal. | Schmith. |

— **MICROPHYLLA**, *R. Microphylle* . . . . . . . . 0 50

— **PIMPINELLIFOLIA**, *R. Pimprenelle*. . . . . . 0 50

— **MOSCHATA**, *R. musqué*, Nesri des Arabes . . . 0 50

**RUBUS** rosæfolius, Smith, Inde, Asie, *Ronce à feuilles de rosier*. . . . . . . . . . . . . . . . . 0 75

**SAMBUCUS** nigra, Lin, Europe, *Sureau à fruits noirs*. 0 60
— laciniata, Hort., *S. à feuilles découpées* . 0 50
— Canadensis, Lin., *S. du Canada* . . . . . 0 50

**SIDA** arborea, Lin., *Sida arborée*, Pérou . . . . . . . 1 00
— mollissima, Cav., *S. à feuilles douces*, Pérou. . . 0 50
— vitifolia, Cav., *S. à feuilles de vigne*, Chili. . . . 1 00
— esculenta, Steud., *S. comestible*, Brésil . . . . . 1 00

**SOLANDBA** grandiflora, Swartz., Jamaïque . . . . . 1 00
Arbrisseau sarmenteux à grandes fleurs blanches marquées de lignes pourpres.

— hirsuta, Dun., du Mexique. . . . . . . . . 1 00
Arbrisseau sarmenteux, à larges feuilles velues, fleurs grandes, blanc terne.

**SOLANUM** marginatum, Lin., Ethiopie. . . . . . . . . 0 50
— giganteum, Jacq., Cap de Bonne-Espérance, *Morelle très grande*. . . . . . . . . . 0 50

La pièce.
Fr. c.

**SOLANUM** diphyllum, LIN., Antilles, *M. à deux feuilles* 0 50
— Bonariense, LIN., *M. de Buenos-Ayres*. . . . 0 50
— glaucophyllum, DESF., *M. à feuilles vert de mer*, Mexique. . . . . . . . . . . . . . 0 50
— auriculatum, AIT., *M. à oreilles,* de Madagascar. . . . . . . . . . . . . . . . . . 0 75
— lanceolatum. CAV., du Mexique . . . . . . 0 75

**SPARTIUM** junceum, LIN., *Genêt d'Espagne odorant* . 0 50

**SPIREA** lanceolata, POIR., Chine, *Spirée à feuilles lancéolées*. . . . . . . . . . . . . . . . . . 0 60
— Lindleyana, SIEB. Japon, *S. de Lindley* . . . 0 75

**SYMPHORICARPOS** Mexicana, LODD. *Symphorine du Mexique*. . . . . . . . . . . 0 50
— parviflora, MICH., *S. petite fleur,* Caroline. . . . . . . . . . . 0 50

**SYRINGA** vulgaris, LIN., Europe, PERS., *Lilas ordinaire*. 0 60
— vulgaris, *L. Blanc*. . . . . . . . . . . . . 0 50
— Rothomagensis, HORT., *L. Varin,* Chine. . . 0 50
— Persica, HORT., *L. de Perse lacinié*. . . . . . 0 60

**STYRAX** officinale, LIN., *Aliboufier officinal,* de l'Europe méridionale . . . . . . . . . . . . . . . 0 60

**TAMARIX** gallica, LIN., *Tamaris de France* . . . . . . 0 50
— élégans, SPACH., *T. de l'Inde* . . . . . . . . 0 50

**TECOMA** mollis, H. B. Mexique. . . . . . . . . . . . 1 00
— stans, JUSS., Antilles. . . . . . . . . . . . . 1 00
— schinifolia, *Técome à feuilles de schinus,* Mexique . . . . . . . . . . . . . . . . . . . . 1 00

**VERBENA** dentata, *verveine en arbre, dentée*. . . . . . 0 50
— citriodora, ORT., *V. citronnelle,* Chili. . . . 0 30

La pièce.
Fr. c.

**VITEX AGNUS-CASTUS**, LIN., Europe australe, *Gattilier chaste* . . . . . . . . 0 50

**WEBBIA** Canariensis, SPACH, *Webbie des Canaries* . . . 0 50

**YOCHROMA** tubulosum, BENTH., Nouvelle Grenade . . 1 50
Arbrisseau à ombelles de fleurs tubulées bleues.

## ARBRISSEAUX GRIMPANTS ET SARMENTEUX

### POUR TONNELLES, BERCEAUX, ETC.

**AMPHILOPHIUM** mutisii, H. B. . . . . . . . . . . . . 1 00
Grande Bignoniacée de la Nouvelle-Grenade, à fleurs violettes, propre à couvrir de grandes étendues.

**BIGNONIA** radicans, LIN., Virginie, *Bignone à crampons*. 0 50

**CISSUS** quinquefolia, DESF., Amérique septentrionale, *Vigne vierge* . . . . . . . . . . . . . . . . . 0 50

**CAESALPINIA** sappan, LIN., Inde . . . . . . . . . . . 1 00

**DELAIREA** odorata, HORT., Cap de bonne Espérance, *Delairie odorante* . . . . . . . . . . . . 0 75

**DIOCLEA** glycinoïdes. D. C. Nouvelle-Espagne, *Dioclée glycine* . . . . . . . . . . . . . . . . . 0 75

**JASMINUM** glaucum. *Jasmin à feuilles glauques* . . . 1 00

**LONICERA** flexuosa, LODD., *chèvrefeuille du Japon*. . . 0 75

— semperflorens, HORT., *chèvrefeuille toujours fleuri* . . . . . . . . . . . . . . . . 0 75

**PERIPLOCA** Græca, LIN., *Périploque de la Grèce*. . . 0 50

**RUBUS** fruticosus, LIN., *Ronce à fleurs doubles* . . . . . 0 50

# JEUNES PLANTS D'ARBRES

## PROPRES A FORMER DES HAIES, DES PALISSADES, DES ABRIS, DES PÉPINIÈRES.

| | Le cent. Fr. c. |
|---|---|
| **ACACIA** farnesiana, Cacis de l'Inde | 5 00 |
| — Cavenia, Cacis de Buenos-Ayres | 5 00 |
| **AGAVE** mexicana, *Agave du Mexique* | 5 00 |
| — vivipara | 5 00 |
| **BAMBOU** épineux, (éclats) | 15 00 |

Le Bambou épineux planté en lignes, à 0m50, forme de bons abris, des haies littéralement impénétrables et au travers desquelles aucun animal ne peut passer. Il faut à cet effet, un terrain de qualité moyenne, qui ne se dessèche pas par trop.

| | |
|---|---|
| **BELLA SOMBRA,** Phytolacca dioica | 3 00 |
| **BIGARADIER,** *Citrus bigarada,* 1 an, fort | 3 00 |
| **CAROUBIER,** *Ceratonia siliqua* | 2 00 |
| **CHÊNE** blanc, *Quercus pedunculata* | 2 50 |
| — à glands doux, *Quercus ballota* | 2 50 |
| — liége, *Quercus suber* | 2 50 |
| — vert, *Quercus ilex* | 2 50 |
| **CROTON** sebiferum, Lin., *Arbre à suif* | 5 00 |
| **COULTERIA** tinctoria, H. B. | 2 50 |

Arbrisseau rameux du Mexique, dont les branches et les feuilles sont armées d'épines. On demande des haies défensives pour garantir les récoltes des vignes des attaques des chacals. Voici une espèce qui paraît parfaitement convenir à cette destination. La Coulteria donne, en ou-

Le cent.
Fr. c.

tre, en abondance, des gousses contenant une pulpe pulvérulente dont la richesse en acide gallique est égale à celle de la noix de Galle et dont on pourra trouver un débouché avantageux pour la teinture. Plantation des jeunes plants à 0 mètre 50 centimètres de distance, sur défoncement de un mètre de large sur 0 mètre 80 centimètres de profondeur.

**CYPRÈS** horizontaux, *Cupressus horizontalis*. . . . . 2 00

— pyramidaux, *C. Pyramidalis*. . . . . . . . 2 00

— chauves (*), *Schubertia disticha*. . . . . . . . . 10 00

(*) Grand arbre de la Louisiane, qui produit un excellent bois de charpente, et précieux pour utiliser les terrains marécageux, dans lesquels il se plaît,

**FÉVIER** d'Amérique, *Gleditschia triacanthos*. . . . . 2 00

— de la Chine, *Sinensis*. . . . . . . . . . . . 2 00

**FRÊNE** d'Algérie, *Fraxinus excelsior suberosa*. . . . . 2 00

**GAINIER** des bosquets, arbre de Judée, *Cercis siliquastrum* . . . . . . . . . . . . . . . . . . 2 50

**LAURIER** à sauce, *Laurus nobilis*. . . . . . . . . . . 5 00

**MELIA** azedérach. . . . . . . . . . . . . . . . 2 00

— sempervirens. . . . . . . . . . . . . . . 2 00

**MICOCOULIER**, *Celtis australis*. . . . . . . . . . . 3 00

**MURIER** blanc, ordinaire. . . . . . . . . . . . . 2 00

**NÉFLIER** du Japon, *Eriobotrya Japonica* . . . . . . 5 00

**NOYER** noir, *J. nigra*. . . . . . . . . . . . . 3 00

**ORANGER** franc, doux, *Citrus aurantium*, 1 *an*. . . . . 5 00

**PIN** d'Alep, *Pinus Alepensis*. . . . . . . . . . . . 1 75

**PLAQUEMINIER** à feuilles velues d'Amérique, *Diospyros pubescens*. . . . . . . . . . . 2 50

| | Le cent. Fr. c. |
|---|---|
| **ROBINIER** blanc, *Robinia pseudo-acacia* | 2 00 |
| **ROSEAUX** des haies (grand), *Arundo donax*, souche | 3 00 |
| — (petit), *A. Mauritanica* | 2 50 |
| **SAVONNIER** de l'Inde, *Sapindus Indica* | 4 00 |
| **THUYA** oriental, *Thuya orientalis* | 1 50 |
| **VERNIS** du Japon, *Ailanthus glandulosa* | 2 00 |

## VÉGÉTAUX A ESSENCE ODORIFÉRANTE

| | La pièce. Fr. c. |
|---|---|
| **ACACIA** cavenia, *Cacis de Buenos-Ayres*, jeunes plants de 1 à 2 ans, le cent, 5 fr. | 0.05 |
| — Farnesiana, *Cacis de l'Inde*, jeunes plants de 2 ans, le cent, 5 fr. | 0 05 |
| **BASILIC** en arbre, à odeur de Girofle, *Ocymum gratissimum*, élevés en pots | 0 50 |
| **BIGARADIER** (voir aux arbres fruitiers toujours verts, et aux jeunes plants pour pépinières). | |
| **JASMIN** à grandes fleurs, ou d'Espagne, *Jasminum grandiflorum*, élevés en pots | 0 50 |
| — officinal, *Jasminum officinale*, le cent, 25 fr. | 0 50 |
| **PATCHOULI**, *Pogostemon Patchouli*, élevés en pots | 1 00 |
| **TUBÉREUSE** *Polyanthes tuberosa*, le cent, 10 fr. | 0 15 |
| **VERVEINE** odorante, Citronnelle, *Aloïsia citriodora*, le cent, 20 fr. | 0 30 |
| **VETIVER**, *Andropogon squarrosum*, le cent, 20 fr. | 0 30 |
| — Citronelle, Le Nard. *Andropogon Nardus* | 1 00 |

# PLANTES GRASSES D'AGRÉMENT.

*Plantes enracinées ou fortes boutures.*

| | La pièce. Fr. c. |
|---|---|
| **ALOE** | |
| attenuata | 0 50 |
| brevifolia | 0 50 |
| ciliaris | 0 50 |
| carinata | 0 50 |
| distans | 0 50 |
| fruticosa | 0 30 |
| glabra | 0 50 |
| grandidentata | 0 50 |
| imbricata | 0 50 |
| linguiformis | 0 50 |
| macra | 0 50 |
| mitrœformis | 0 50 |
| spiralis | 0 50 |
| tenuifolia | 0 50 |
| trianguleris | 0 50 |
| umbellata | 0 50 |
| verrucosa | 0 50 |
| vulgaris | 0 30 |
| **CEREUS** | |
| baxaniensis | 0 50 |
| candicans | 0 75 |
| cinerescens | 0 75 |
| Ehrenbergii | 0 50 |
| grandiflorus | 0 50 |
| Martianus | 0 50 |
| Meynardii | 0 50 |
| monstruosus | 0 50 |
| multangularis | 0 75 |
| Napoléonis | 0 50 |
| nycticalus | 0 50 |
| pellacidus | 0 50 |
| Peruvianus | 0 50 |
| quadrangularis | 0 50 |
| Rœmerii | 0 50 |

| | La pièce. Fr. c. |
|---|---|
| **CEREUS** | |
| rostratus | 0 50 |
| serpentinus | 0 50 |
| setaceus | 0 50 |
| **COTYLEDON** | |
| orbiculare | 0 50 |
| **CRASSULA** | |
| arborescens | 0 50 |
| lactea | 0 50 |
| spatulata | 0 50 |
| tetragona | 0 50 |
| Lycopodioides | 0 50 |
| **ECHEVERIA** | |
| coccinea | 0 50 |
| acutifolia | 0 50 |
| recemosa | 0 50 |
| **ECHINOPSIS** | |
| erinaceus | 0 50 |
| tubiflora | 0 50 |
| Schelhasii | 0 50 |
| Eyriesii | 0 50 |
| multiplex | 0 50 |
| zuccariniana | 0 50 |
| turbinata | 0 50 |
| **EUPHORBIA** | |
| anacantha | 0 50 |
| antiquorum | 0 50 |
| laurifolia | 0 50 |
| octogona | 0 50 |
| officinarum | 0 50 |

| **EUPHORBIA** *(Suite)* | La pièce. Fr. c. |
|---|---|
| splendens........ | 0 50 |
| tirucalli......... | 0 50 |
| trigona.......... | 0 50 |
| virgata........... | 0 50 |
| xilophylloïdes .... | 0 50 |
| **KLEINIA** | |
| anteuphorbium ... | 0 50 |
| articulata........ | 0 50 |
| ficoïdes.......... | 0 50 |
| **LEPISMUM** | |
| commune........ | 0 50 |
| **MAMMILARIA** | |
| cirrhifera........ | 0 50 |
| diacantha........ | 0 75 |
| eriacantha........ | 0 50 |
| formosa.......... | 0 75 |
| galeotti.......... | 0 75 |
| gracilis.......... | 0 50 |
| nivea............ | 0 75 |
| stellata.......... | 0 50 |
| **MESEMBRIANTHEMUM** | |
| acinaciforme...... | 0 25 |
| atriplicifolium.... | 0 25 |
| barbatum (B)..... | 0 25 |
| blandum (B)...... | 0 25 |
| crassifolium...... | 0 25 |
| edule (B)......... | 0 25 |
| falciforme........ | 0 25 |
| floribundum...... | 0 25 |
| glaucum.......... | 0 25 |
| hirtellum......... | 0 25 |
| muricatum ....... | 0 25 |
| polyphyllum ..... | 0 25 |
| purpurascens ..... | 0 25 |
| rigidicaule....... | 0 25 |
| Schollei.......... | 0 25 |
| unicinatum ...... | 0 25 |
| **OPUNTIA** | |
| Brasiliensis...... | 0 50 |

| **OPUNTIA** *(Suite)* | La pièce. Fr. c. |
|---|---|
| cylindrica (B)..... | 0 25 |
| dejecta (B)........ | 0 25 |
| despiciens........ | 0 50 |
| Dillenii (B)....... | 0 25 |
| eburnea (B)....... | 0 25 |
| elata............. | 0 50 |
| exuviata......... | 0 25 |
| fulvispina (B)..... | 0 25 |
| glaucescens...... | 0 25 |
| grandis.......... | 0 50 |
| inermis (B) ...... | 0 25 |
| Kleiniæ (B)....... | 0 25 |
| leptocaulis....... | 0 50 |
| leuchotrica....... | 0 50 |
| maxima (B)....... | 0 25 |
| Microdasys ...... | 0 50 |
| monocantha (B)... | 0 25 |
| Salmiana......... | 0 50 |
| spinosissima (B)... | 0 25 |
| tuberculata (B)... | 0 25 |
| **PHYLLOCACTUS** | |
| crenulatus........ | 0 50 |
| Guianense........ | 0 50 |
| **PERESKIA** | |
| Bleo. ........... | 0 50 |
| spatulatha........ | 0 50 |
| **RIPSALIS** | |
| saglionis......... | 0 50 |
| paradoxa......... | 0 50 |
| Swartziana....... | 0 50 |
| salicornioïdes..... | 0 50 |
| cassytha.......... | 0 50 |
| stricta........... | 0 50 |
| rhombea......... | 0 50 |
| crispata.......... | 0 50 |
| crenulata........ | 0 50 |
| **ROCHEA** | |
| falcata........... | 0 50 |
| perfoliata........ | 0 50 |

| **SEMPERVIVUM** | La pièce. Fr. c. |
|---|---|
| arachnoïdes...... | 0 30 |
| arboreum........ | 0 50 |
| arboreum atropurpureum........ | 0 50 |
| balsamiferum...... | 0 50 |
| halocryson....... | 0 50 |
| cæspitosum...... | 0 50 |

| **SEMPERVIVUM** | La pièce. Fr. c. |
|---|---|
| Smithii.......... | 0 50 |
| tectorum........ | 0 25 |
| **STAPELIA** | |
| variegata......... | 0 50 |
| **SEDUM** | |
| nudum.......... | 0 25 |

# PLANTES AQUATIQUES VIVACES

| | La pièce. Fr. c. |
|---|---|
| **APONOGETON** distachyum, THUNB., du Cap de Bonne-Espérance.............. | 1 00 |
| **CYPERUS** papyrus, LIN., Papyrus antiquorum. WILD., *le Papyrus des anciens,* Afrique boréale. . | 2 00 |
| — alternifolius, LIN., Madagascar....... | 1 00 |
| — textilis, THUNB., Cap de Bonne-Espérance. . | 1 00 |
| **NELUMBIUM** luteum, WILD., Caroline........ | 2 00 |
| — speciosum, WILD., Afrique boréale, Inde. | 2 00 |
| **NYMPHEA** cærulea, SAVIGN., *Nénuphar bleu,* Egypte. | 1 25 |
| — alba, LIN., *N. blanc*............. | 1 00 |
| **PONTEDERIA** cordata, LIN., Virginie......... | 1 00 |
| **PANICUM** plicatum, LAM., *Panis à feuilles plissées,* Inde | 1 00 |
| **THALIA** dealbata, LIN., de la Caroline........ | 1 00 |

# PLANTES BULBEUSES

| | La pièce. F. C. |
|---|---|
| **ALSTRŒMERIA** pelegrina, Lin., du Pérou. . . . . . | 0 30 |
| — psittacina, Lehn., du Mexique . . . . . | 0 30 |
| **ARUNDO DONAX** variegata, *roseau à quenouille à feuilles panachées*, la pièce. . . | 0 30 |
| le cent, 25 fr. | |

**CANNA** Balisier ;

1re GRANDEUR, 2m50.

| | |
|---|---|
| — Annei, *B. de M. Année* . . . . . . . . . . . . | 0 30 |
| Tiges légèrement diffuses au sommet, feuilles grandes, allongées, pointues, glauques, fleurs nombreuses, ouvertes, jaune orange. | |
| — Annei bicolor . . . . . . . . . . . . . . . . | 0 40 |
| Tiges un peu diffuses, feuilles nombreuses un peu décombantes, fleur rouge cocciné, d'un bel effet. | |
| — aurantiaca, *B. orange*. . . . . . . . . . . . . . | 0 30 |
| Tiges droites, d'une bonne tenue, feuilles grandes, un peu allongées, nombreuses, fleurs abondantes, moyennes, ouvertes, de couleur orange. | |
| — discolor. . . . . . . . . . . . . . . . . . . . | 0 30 |
| Belle plante d'un beau port, feuilles arrondies, amples, fortement colorées en brun violet, peu florifère. | |
| — edulis, *B. rhizomes comestibles* . . . . . . . . | 0 30 |
| Plante d'une bonne tenue, feuilles nombreuses, amples, nuancées de violet, fleurs rouge vif, peu florifère. | |
| — gigantea, *B. gigantesque* . . . . . . . . . . . | 0 40 |
| Tige droite, feuillage ample, abondant, plante d'un beau port, mais peu florifère. | |
| — heliçoniœfolia, *B. à feuilles d'heliconia*. . . . . | 0 40 |
| Feuilles de première grandeur, allongées, vert foncé, tiges droites, bonne tenue, peu florifère. | |

La pièce.
Fr. c.

**CANNA** *(Suite)*.

— purpurea-spectabilis. . . . . . . . . . . . . . . . 0 50

Plante d'une bonne tenue, feuilles grandes, arrondies, nombreuses, fortement colorées, fleurs grandes, ouvertes, d'un beau rouge vif.

— speciosa, *B. à fleurs gracieuses* . . . . . . . . . 0 30

Beau port, feuilles amples de couleur tendre, fleurs rouge vif, ouvertes, très florifère.

— Warscewiezoïdes . . . . . . . . . . . . . . . . . 0 50

Très belle plante, ayant beaucoup d'analogie avec la précédente.

2e GRANDEUR, 2m00.

— indica . . . . . . . . . . . . . . . . . . . . . . 0 30

Plante très florifère.

— Jacquini, *B. de Jacquin*. . . . . . . . . . . . . . 0 50

Plante d'une bonne tenue, rameaux florifères un peu étalés, feuillage ample, fleurs nombreuses, moyennes, ouvertes, rouge très vif, l'une des variétés les plus ornementales par l'abondance des fleurs.

— lutea, *B. à fleurs jaunes* . . . . . . . . . . . . . 0 30

— tenuiflora . . . . . . . . . . . . . . . . . . . . . 0 30

Feuillage abondant, fleur rougé cocciné, très allongée, plante florifère.

— Van-Houttey. . . . . . . . . . . . . . . . . . . . 0 40

Beau port et beau feuillage, richement coloré de brun. fleur rouge carminée, grande.

3me GRANDEUR, 1m50.

— achiras, *B. du Chili* . . . . . . . . . . . . . . 0 30

— coccinea. . . . . . . . . . . . . . . . . . . . . . 0 30

Feuillage abondant, vert clair, fleurs rouge vif.

— kavitainii . . . . . . . . . . . . . . . . . . . . 0 30

Fleurs rouges, petites, nombreuses

— occidentalis, *B. d'occident*. . . . . . . . . . . . 0 30

Beau port, fleurs jaunes, petites.

— sanguinea . . . . . . . . . . . . . . . . . . . . . 0 30

Feuilles arrondies, nombreuses, richement colorées, fleurs rouges, carminées, florifère.

La pièce.
Fr. c.

**CANNA** (*Suite*).

— Sinensis, *B. de la Chine* . . . . . . . . . . . . . 0 30
Fleurs rouges, moyennes.

— spectabilis. . . . . . . . . . . . . . . . . . . . . 0 30
Feuillage abondant, légèrement coloré, fleurs rouge foncé.

— variabilis . . . . . . . . . . . . . . . . . . . . . 0 30
Bonne tenue, fleurs nombreuses, jaunes pictées.

4^me^ GRANDEUR, 1^m^00.

— albiflora . . . . . . . . . . . . . . . . . . . . . 0 40
Plante à tiges rapprochées, fleurs réunies en épis serrés blanc jaunâtre picté.

— aureo-vittata. . . . . . . . . . . . . . . . . . . 0 40
Bonne plante à fleurs rouges.

— cubensis. . . . . . . . . . . . . . . . . . . . . . 0 30
Très florifère, fleur rouge vif.

— flaccida . . . . . . . . . . . . . . . . . . . . . . 0 50
Plante grêle et délicate, fleur très grande, jaune.

— floribunda . . . . . . . . . . . . . . . . . . . . 0 40
Fleurs rouges moyennes.

— glauca. . . . . . . . . . . . . . . . . . . . . . . 0 40
Feuilles nombreuses, plus glauques que dans l'espèce précédente, fleurs jaunes, pâle, grandes.

— lagunensis . . . . . . . . . . . . . . . . . . . . 0 40
Plante d'une belle forme, fleurs jaunes.

— Lambertii . . . . . . . . . . . . . . . . . . . . . 0 30
Plante grêle, fleur rouge cocciné.

— lanuginosa . . . . . . . . . . . . . . . . . . . . 0 30
Plante touffue, ramassée sur elle-même, fleurs jaunes, pictées.

— limbata. . . . . . . . . . . . . . . . . . . . . . . 0 50
Plante d'un très beau port, feuilles dressées, fleurs roses, grandes, disposées en épis, très recommandable.

— miniata. . . . . . . . . . . . . . . . . . . . . . . 0 30
Tiges étalées, fleurs rouge minium.

La pièce.
Fr. c.

**CANNA** *(Suite)*

— Nepalensis. . . . . . . . . . . . . . . . . . . . . . 0 30
Fleur rouge pictée.

— orientalis . . . . . . . . . . . . . . . . . . . . . . 0 30
Plante très florifère, fleur coccinée.

— pedunculata . . . . . . . . . . . . . . . . . . . . 0 40
Feuilles nombreuses, dressées, glauques, fleurs jaunes grandes.

— picta . . . . . . . . . . . . . . . . . . . . . . . . 0 40
Fleur jaune, pictée.

— polymorpha . . . . . . . . . . . . . . . . . . . . 0 30
Plante d'une belle forme, fleur rouge vif.

— Sellowii. . . . . . . . . . . . . . . . . . . . . . 0 40
Plante d'une belle forme, fleur jaune.

— Texensis, *B. du Texas*. . . . . . . . . . . . . . . 0 30
Fleurs d'un rouge vif.

— xalapensis. . . . . . . . . . . . . . . . . . . . . 0 30
Fleur rouge cocciné.

— Warscewiczii. . . . . . . . . . . . . . . . . . . . 0 40
Feuilles nombreuses, arrondies, de couleur sanguine, fleurs écarlate vif.

**COLOCASIA** antiquorum, Schott. . . . . . . . . . . . 0 50
Colocase des anciens.

— cucullata, Schott., *Caladium cucullata*, le cent, 25 fr. . . . . . . . . . . . . . . . 0 30
Aroïdée très-ornementale, dont les feuilles d'un beau vert à reflets ont plus d'un mètre de long sur 0m90 de large.

— gigantea, Moq., *Colocase gigantesque*, du Brésil. . . . . . . . . . . . . . . . . . . . . 1 00

— odora, *Caladium odorum*. . . . . . . . . 1 00

— violacea, *Colocase à feuilles violettes*, la pièce 0 30
le cent. 25 00

**CRINUM** Capense, Herb., *Crinole du Cap*. . . . . . . 0 75

| | La pièce. Fr. C. |
|---|---|
| **CRINUM** Carayanum, HERB., *Crinole de Caray* . . . . . | 0 75 |
| — giganteum, ANDR., *Crinole géant*, Cap de Bonne-Espérance . . . . . . . . . . . . . . . . . . . | 1 00 |
| **DIANELLA** nemorosa, JAQ., *Dianelle des bois* . . . . . . | 0 75 |
| **GESNERIA** tuberosa, MART., Brésil . . . . . . . . . . . | 0 50 |
| **GLOBBA** nutans, LIN., Inde . . . . . . . . . . . . . | 1 50 |
| **HEDYCHIUM** angustifolium, ROXB., *G. à feuilles étroites* | 1 25 |
| — coronarium, KOEN., *G. couronné* . . . . . | 0 75 |
| — flavescens, CAREY., *Gendasuli jaunâtre* . . | 0 75 |
| — flavum, WALL., *G. jaune* . . . . . . . . . | 0 75 |
| — gardneriarum, WALL., *G. de Gardner* . . | 1 25 |
| **HEMEROCALLIS** fulva, THUNB., du Japon . . . . . . . | 0 30 |
| — flava, LIN., Sibérie . . . . . . . . . | 0 30 |
| — graminea, ANDR., Sibérie . . . . . . . | 0 50 |
| **IRIS** florentina, LIN., Europe australe . . . . . . . . | 0 15 |
| — pumila, LIN., *Caucase* . . . . . . . . . . . . . . | 0 15 |
| — stylosa, DESF., Mauritanie . . . . . . . . . . . . | 0 15 |
| **PANCRATIUM**, Caraïbeum, *Pancrai des Caraïbes* . . . | 0 75 |
| **POLYANTHES** tuberosa, *Tubéreuse à fleurs doubles* . . | 0 15 |
| **XANTHOSOMA**, sagittifolia, SCHOTT., de la Guyane, | |
| la pièce. | 0 60 |
| le cent. . | 50 00 |

Rhizome caulescent, pétioles de 1 mètre, portant horizontalement des feuilles sagittées de 1 mètre et plus de long, sur 0m90 de large.

| | |
|---|---|
| **ZEPHYRANTHES** atamasco, LIN., *Virginie* . . . . . . | 0 25 |
| — candida, HERB., *Pérou* . . . . . . . | 0 25 |

# PLANTES VIVACES D'AGRÉMENT

On livrera cent plantes vivaces d'agrément en cent espèces ou variétés pour 20 francs. Cent plantes variées, au choix de l'établissement, pour 15 francs.

| | La pièce. Fr. c. |
|---|---|
| **ACANTHUS** spinosus, *Acanthe épineuse* | 0 25 |
| **ACHILLEA** filipendulina, *Achillée filipendule* | 0 25 |
| — rosea, *A. rose* | 0 25 |
| **ACONITUM** paniculatum, *Aconit paniculé* | 0 50 |
| **AGERATUM** cælestinum, *Agérate bleu de ciel* | 0 25 |
| **AGROSTEMMA** coronaria, *Coquelourde couronnée* | 0 25 |
| **ALYSSUM** saxatile, *Corbeille d'or* | 0 25 |
| **ANEMONE** japonica, LINDL | 0 30 |
| — hybrida, HORT | 0 30 |
| **ANTHEMIS** parthenioïdes, *Matricaire mandiane* | 0 25 |
| **AQUILEGIA** Canadensis, *Ancolie du Canada* | 0 25 |
| — versicolor, *A. à plusieurs couleurs* | 0 25 |
| — glandulosa, *A. glanduleux* | 0 25 |
| — Skinnery, *A. de Skinner* | 0 25 |
| — Durantii, *Ancolie de Durand* | 0 25 |
| — rosa violacea, *A. rose violette* | 0 25 |
| **ARGEMONE** grandiflora, *Argémone à grandes fleurs* | 0 25 |
| **ARTHEMISIA** argentea, Absinthe blanche | 0 25 |
| **ASCLEPIAS** cornuti, Dc., *Herbe à ouate*, de Virginie | 0 25 |

| | La pièce. Fr. c. |
|---|---|
| **ASCLEPIAS** Curassavica, *Asclépiade de Curaçao* | 0 25 |
| — Mexicana, *A. du Mexique* | 0 25 |
| **ASTER** confertus | 0 25 |
| — novæ Belgiæ | 0 25 |
| — Reversii | 0 25 |
| — Rubicunda | 0 25 |
| — spectabilis | 0 25 |
| — versicolor | 0 25 |
| **BETONICA** Orientalis | 0 25 |
| **BONPLANDIA** geminiflora, *Bonplandie à deux fleurs* | 0 25 |
| **CAMPANULA** speciosa | 0 25 |
| — nobilis | 0 25 |
| — Sarmatica | 0 25 |
| — urticæfolia | 0 25 |
| — latifolia | 0 25 |
| **CENTRANTHUS** albus | 0 25 |
| — ruber | 0 25 |
| **CHELONE** barbata | 0 25 |
| **CHRYSOCOMA** coma-aurea | 0 25 |
| **CINERARIA** macrophylla, *Cinéraire à grandes feuilles* | 0 25 |
| — maritima, LIN. | 0 25 |
| **CLEMATIS** tubulosa, TURK., Mogol | 0 25 |
| — integrifolia, LIN., Sibérie | 0 25 |
| **COLEUS** persoonii | 0 25 |
| **DIANTHUS** barbatus, *Œillet de poëte* | 0 25 |
| — moschatus, *Mignardise* | 0 25 |

| | La pièce. Fr. c. |
|---|---|
| **DIANTHUS** sinensis, *Œillet de la Chine* | 0 25 |
| — fruticosus, Lin., *Œillet ligneux* | 0 25 |
| **DRACOCEPHALUM** Louisianum | 0 25 |
| **ECHIUM** candicans, *Vipérine blanchâtre* | 0 25 |
| **ERIGERON** glabellum | 0 25 |
| **GAURA** Lindheimerii | 0 25 |
| **GNAPHALIUM** lanatum | 0 25 |
| **GORTERIA** rigens | 0 25 |
| **HELIANTHUS** multiflorus, *Helianthe florifère* | 0 25 |
| **HIBISCUS** moscheutos, *Ketmie vivace* | 0 25 |
| — militaris, Cav., *K. militaire* | 0 25 |
| — roseus, *K. rose* | 0 25 |
| — speciosus, *K. gracieuse* | 0 25 |
| — Virginicus, *K. de Virginie* | 0 25 |
| — Manihot | 0 25 |
| **IBERIS** sempervirens, *Thlapsi vivace* | 0 25 |
| **LATHYRUS** latifolius | 0 25 |
| **LEPACHYS** columnaris | 0 25 |
| **LINUM** perenne, Lin., *vivace, à fleurs bleues* | 0 25 |
| **LIPPIA** reptans | 0 25 |
| **LYCHNIS** chalcedonica, croix de Jérusalem | 0 25 |
| — coronaria, coquelourde | 0 25 |
| **MENTHA** rotundifolia variegata, *Menthe à feuilles panachées* | 0 25 |
| **NIEREMBERGIA** gracilis | 0 30 |

| | La pièce, Fr. c. |
|---|---|
| **ŒNOTHERA** biennis, *Onagre bisannuelle* | 0 25 |
| — fruticosa, *O. en arbre* | 0 25 |
| — odorata, *O. odorante* | 0 25 |
| **PALAFOXIA** Texana | 0 25 |
| **PENNISETUM** longystilum, Hoch | 0 25 |
| **PENTSTEMON** campanulatus | 0 25 |
| — cobæa | 0 25 |
| — digitalis | 0 25 |
| — Cte de Lambertye | 0 25 |
| — magnificus | 0 25 |
| — M. de Passort | 0 25 |
| — M. Perret | 0 25 |
| — perfoliatus | 0 25 |
| — pubescens | 0 25 |
| — pulchellus | 0 25 |
| **PHALARIS** arundinacea, *Roseau rubané* | 0 25 |
| **PHLOX** decussata, varié | 0 25 |
| **PLUMBAGO** Larpentœ | 0 25 |
| **POTENTILLA** Nepalensis | 0 25 |
| — Pensylvanica | 0 25 |
| — Reevesiana | 0 25 |
| — atropurpurea | 0 25 |
| **PTARMICA** vulgaris | 0 25 |
| **PYRETHRUM** Indicum, *Chrysanthème à petites fleurs* en 15 variétés | 0 25 |
| — sinense, *C. à grandes fleurs*, en 15 variétés | 0 25 |
| **RANUNCULUS** acris, flore pleno, *Renoncule bouton d'or* | 0 25 |

En pièce. Fr. c.

**RUDBECKIA** hirta. . . . . . . . . . . . . . . . . . . 0 25

**SALVIA** canariensis. . . . . . . . . . . . . . . . . . . 0 25
— coccinea, *Sauge rouge vif*. . . . . . . . . . . . . 0 25
— eriocalix, *S. à calice velu* . . . . . . . . . . . 0 25
— Grahami, *S. de Graham*. . . . . . . . . . . . 0 25
— Mexicana, *S. du Mexique*. . . . . . . . . . . 0 25
— polystachya, *S. à épis multiples*. . . . . . . . 0 25
— pseudo-coccinea. . . . . . . . . . . . . . . . . 0 25
— Regla. . . . . . . . . . . . . . . . . . . . 0 25

**SANTOLINA** chamæcyparyssus, *Santoline à feuilles de cyprès*. . . . . . . . . . . . . . . . . 0 25
— tomentosa, *S. cotonneuse*. . . . . . . . . . 0 25

**SAPONARIA** officinalis, flore pleno. . . . . . . . . . . 0 25

**SAXIFRAGA** crassifolia. . . . . . . . . . . . . . . . 0 25

**SIPHOCAMPYLUS** bicolor. . . . . . . . . . . . . . . 0 25

**SOLIDAGO** Alpestris, *Verge d'or des montagnes*. . . . 0 25
— Canadensis, *V. du Canada*. . . . . . . . . 0 25
— virga-aurea, *V. commune*. . . . . . . . . . 0 25

**SPIRÆA** ulmaria. . . . . . . . . . . . . . . . . . . 0 25
— venusta. . . . . . . . . . . . . . . . . . . 0 25

**STATICE** armeria rouge. . . . . . . . . . . . . . . . 0 25
— armeria rose. . . . . . . . . . . . . . . . . 0 25
— Fortunei, LINDL., Chine . . . . . . . . . . 0 25
— densiflora. . . . . . . . . . . . . . . . . . 0 25
— Bonduelli. . . . . . . . . . . . . . . . . . 0 25
— pubescens . . . . . . . . . . . . . . . . . . 0 25
— sinuata . . . . . . . . . . . . . . . . . . . 0 25
— spathulata. . . . . . . . . . . . . . . . . . 0 25

| | La pièce. Fr. c. |
|---|---|
| **TANACETUM** crispum, *Tanaisie à f. crispées* . . . . . | 0 25 |
| **THALICTRUM** glaucum, *Pigamon glauque* . . . . . . | 0 25 |
| — aquilegifolium, *P. à feuilles d'Ancolie*. | 0 25 |
| **TOURNEFORTIA** heliotropioïdes, *Tournefortie héliotrope* . . . . . . . . . . . . | 0 25 |
| **TRADESCANTIA** virginica. . . . . . . . . . . . . . | 0 25 |
| — japonica, HORT . . . . . . . . . . . | 0 15 |
| — zebrina, HOTT. . . . . . . . . . . . | 0 15 |
| **TUPA** ignescens, *Tupa couleur de feu*. . . . . . . . . | 0 50 |
| **VERBENA** venosa. . . . . . . . . . . . . . . . . . | 0 25 |
| — Teucrioïdes, herbacea, *Melindres*, *Mahonetti*, *Verveines*, quinze variétés. . . . . . . | 0 25 |
| **VERONICA** spicata, *Véronique à épis*. . . . . . . . . . | 0 25 |
| — elegans, — *élégante*. . . . . . . . | 0 25 |
| **VIOLA** Parmensis, *Violette de Parme*. . . . . . . . . | 0 25 |
| — Alba, *V. blanche*, simple. . . . . . . . . . . . | 0 25 |
| — — *V. blanche*, double. . . . . . . . . . . | 0 25 |
| — odorata, *V. ordinaire* . . . . . . . . . . . . . | 0 15 |
| — rosea, *Violette rose double*. . . . . . . . . . . | 0 25 |
| **VITTADENIA** triloba, D. C. NOUVELLE-HOLLANDE, *Vittadenie à trois lobes*. . . . . . . . . . | 0 25 |
| **VINCA** major, *Pervenche grande* . . . . . . . . . . . | 0 15 |

# PLANTES VIVACES POTAGÈRES ET FRUITIÈRES

| | La pièce. Fr. c. |
|---|---|
| **ARTICHAUT** *Cynara scolymus*, gros, indigène, 5 fr. le cent . . . . . . . . . . . . . . | 0 05 |
| — violet, gros, d'Espagne, 5 fr. le cent. . . . | 0 05 |
| — hâtif, de Provence, 5 fr. le cent . . . . . | 0 05 |
| **ASPERGE** *Asparagus officinalis*, violette de Hollande, 3 fr. le cent . . . . . . . . . . . . . . . | 0 03 |
| — blanche, d'Argenteuil, 5 fr. le cent. . . . . | 0 05 |
| **CIBOULE** *Allium fistulosum*. . . . . . . . . . . . . . | 0 05 |
| **CIVETTE** ciboulette, Appetit, *Allium schœnoprasum* . . | 0 05 |
| **ESTRAGON** *Artemisia dracunculus*. . . . . . . . . . | 0 20 |
| **OSEILLE** vierge, *Rumex montanus*. . . . . . . . . . | 0 05 |
| — large, de Belleville, *Rumex acetosa* . . . . . | 0 05 |
| **PIMPRENELLE** *Poterium sanguisorba* . . . . . . . . | 0 05 |
| **RAIFORT** champêtre, *Cochlearia Armoracia*. . . . . . | 0 10 |
| **THYM** *Thymus vulgaris*. . . . . . . . . . . . . . . . | 0 15 |
| **CHAYOTTE** choco, cocho, chouchou, *Sechium edule*, Sw., le fruit. . . . . . . . . . . . . . . | 0 25 |

Cucurbitacée vivace, originaire de l'Amérique centrale et du Mexique, très rameuse et grimpante ; elle donne un ombrage très épais sur les tonnelles, mais on peut, en culture, la laisser ramper sur le sol ; dans ce cas, il faut la planter à trois mètres de distance en tous sens. La fructification se fait à l'automne, et les fruits se conservent jusqu'à la fin de mai. Un seul plant donne plus de cent fruits, pesant chacun de 500 à 600 grammes. Un hectare peut en produire plus de cinquante mille kilogrammes. Ce fruit constitue un légume très délicat, que l'on peut soumettre à un grand nombre de préparations culinaires. Bonne terre, bien fumée, labourée profondément, arrosements comme pour les plantes potagères, pendant l'été. On peut planter le fruit directement à demeure, en février et mars ; on le plante debout l'œil en dessus, dans une petite fosse et l'on recouvre la sommité de deux travers de doigt.

## FRAISIER. — *FRAGARIA*

On a cultivé comparativement dans l'établissement un grand nombre de variétés de fraisiers; tant anciennes que nouvelles. Ci-contre est la description de celles qui ont donné les meilleurs et les plus beaux produits, et qui paraissent devoir être préférées pour l'Algérie.

**FRAISIER** ananas. . . . . . . . . . . . . . le 100. 2 00

Fruit gros, arrondi, en cône obtus, vermillon pâle. Chair savoureuse, un peu molle, très productif. Maturité du commencement d'avril à la fin de juin.

— Belle de Fontenay et Belle de Pomponne, le 100. 2 00

Fruit petit, rouge vif; chair d'un blanc jaunâtre, très parfumée. Très fertile lorsque la plante est copieusement arrosée. Pédoncule droit, portant le fruit au-dessus des feuilles.

— Belle Bordelaise. . . . . . . . . les 25 plants. . 1 50

Fruit moyen, rouge foncé, parfum délicieux, un peu musqué, plante fertile.

— Duc de Malakoff. . . . . . . . les 25 plants. . 1 50

Fruit très gros, de forme irrégulière, souvent monstrueux, rouge foncé, chair rouge, sucrée, vineuse; rustique, maturité, de mai à fin juin.

— Eleanor . . . . . . . . . . . . les 25 plants. . 2 00

Fruit très gros, allongé, quelquefois ovoïde; rouge vif, chair ferme, goût relevé, légèrement acidulé, plante assez fertile et rustique, maturité du 15 mai au 15 juin.

— Comte de Paris. . . . . . . . . . . . . . le 100. 2 50

Fruit gros, allongé, conique, rouge vif, chair ferme, légèrement acidulée, abondante en eau; très fertile, maturité du 15 avril à fin juin.

— Marguerite. . . . . . . . . . . . . les 25 plants. 2 00

Fruit gros et très gros, souvent énorme, rouge vif, glacé, chair ferme, juteuse, sucrée et de saveur relevée; plante fertile, rustique. Maturité du 15 mars à fin mai, variété remarquable.

**FRAISIER** *(suite)*.

— May queen. . . . . . . . . . . . . . . . le 100. 3 00

Fruit rond, moyen, savoureux, plante fertile, hâtive et rustique, maturité du commencement de mars à fin juin.

— Marquise de Latour Maubourg. . . les 25 plants. 1 50

Fruit gros, conique, aplati, rouge; chair ferme, sucrée, fertilité moyenne, maturité de mai à fin juillet.

— Merveille . . . . . . . . . . . . . . . . le 100. 2 50

Fruit assez gros, aplati, rose vif; chair blanche, ferme, sucrée, fertilité moyenne, maturité du 15 mai à fin juin.

— Princesse Royale . . . . . . . . . . . . . le 100. 2 00

Fruit gros, conique, allongé, rouge vif, glacé, du côté du soleil, chair ferme, pleine, légèrement acidulée; l'une des fraises qui se transporte le plus facilement, plante rustique très fertile, maturité du 15 avril à fin mai.

— Quatre saisons, ou des Alpes. . . . . . le 100. 2 00

Fruit petit, allongé, très savoureux et très parfumé, plante rustique et très fertile, produisant presque en toute saison, mais incomparablement moins en été qu'au printemps.

— Quatre saisons des Alpes, sans filets. . . le 100. 2 50

Sous variété de la précédente, dépourvue de filets et qui peut mieux convenir pour bordures, maturité plus tardive.

— Reine Amélie . . . . . . . . . . . . . . le 100. 2 00

Fruit rond, quelquefois gros, quelquefois un peu aplati. Saveur sucrée, vineuse, plante rustique, très fertile, maturité du commencement d'avril à la fin de juillet.

— Victoria . . . . . . . . . . . . . . . . . le 100. 3 00

Fruit arrondi régulier, rouge vermillonné. Chair un peu molle, juteuse, d'un goût relevé, bonne qualité, plante rustique et fertile, maturité mi-avril à fin mai.

Nota. — Les époques de maturité indiquées ci-dessus sont susceptibles de varier selon les années plus ou moins précoces et plus ou moins tardives.

VARIÉTÉS DE FRAISIER A 1 fr. LE CENT.

Superbe Willmot.
Belle d'Orléans.

**FRAISIER** *(suite)*.

Capron royal.

Bostock.

Du Chateau de Metren.

Keen's Seedling.

## PLANTES VIVACES OFFICINALES.

| | La pièce. Fr. c. |
|---|---|
| **ACHILLEA** millefolium, Achillée, *Herbe à mille feuilles*. | 0 15 |
| **AGRIMONIA** eupatoria, *Aigremoine eupatoire*. . . . . . | 0 15 |
| **ALTHEA** officinalis. *Guimauve*. . . . . . . . . . . . . | 0 15 |
| **ANETHUM** fœniculum, *Fenouil*. . . . . . . . . . . . | 0 15 |
| **ANTHEMIS** nobilis, *Camomille romaine*. . . . . . . | 0 15 |
| **ARCTIUM** lappa. *Bardane ordinaire*. . . . . . . . . | 0 15 |
| **ARISTOLOCHIA** clematitis, *Aristoloche clematite*. . . . | 0 15 |
| **ARTHEMISIA** abrotanus . . . . . . . . . . . . . . | 0 15 |
| — absinthium, *Absinthe verte*. . . . . . | 0 15 |
| — valentina. . . . . . . . . . . . . . . | 0 15 |
| — vulgaris, *A. armoise*. . . . . . . . . . | 0 15 |
| **BALSAMITA** suaveolens, Menthe coq, *Baume*. . . . . | 0 15 |
| **CHENOPODIUM** anthelminticum . . . . . . . . . . . | 0 15 |
| **DORSTHENIA** contrayerva, Lin., Antilles. . . . . . . | 1 00 |
| **EUPATORIUM** ayapana Vahl., Brésil . . . . . . . . . | 1 00 |
| **EUPHORBIA** officinarum, *Euphorbe officinale*. . . . . | 1 50 |

| | La pièce. Fr. c |
|---|---|
| **GALEGA** officinalis, *Galega, rue de Chèvre* | 0 15 |
| **GLYCIRRHIZA** glabra, *Réglisse* | 0 15 |
| **HYSSOPUS** officinalis, *Hyssope ordinaire* | 0 15 |
| **IRIS** florentina. *Iris de Florence* | 0 15 |
| — Germanica, *Iris flambe* | 0 15 |
| **LAVENDULA** vera, *Lavande ordinaire* | 0 15 |
| — spica, *L. aspic* | 0 15 |
| **LEPIDIUM** latifolium. (Passe-rage) | 0 15 |
| **MATRICARIA** parthenium, *Matricaire* | 0 15 |
| **MELISSA** officinalis, *Mélisse ordinaire* | 0-15 |
| — calamyntha | 0 15 |
| **MENTHA** viridis, *Menthe verte* | 0 15 |
| — piperita, *M. poivrée* | 0 15 |
| **ORIGANUM** majorana, *Marjolaine* | 0 15 |
| **PHLOMIS** tuberosa, *Phlomide tubéreuse* | 0 15 |
| **ROSA** Gallica, *rose de Provins* | 0 30 |
| **ROSMARINUS** officinalis, *Romarin ordinaire* | 0 25 |
| **RUMEX** patientia, *Oseille patience* | 0 15 |
| — sanguineus, Oseille sanguine, *Sang-Dragon* | 0 15 |
| **RUTA** bracteata, *Rue ordinaire* | 0 15 |
| **SALVIA** officinalis, *Sauge officinale* | 0 15 |
| **SAPONARIA** officinalis, *Saponaire* | 0 15 |
| **SYMPHITUM** officinalis, *Consoude ordinaire* | 0 15 |
| **THYMUS** vulgaris, *Thym ordinaire* | 0 15 |

| | La pièce. Fr. c. |
|---|---|
| **TUSSILAGO** palasites, *Pas d'âne* | 0 15 |
| **VALERIANA** officinalis, *Valériane ordinaire* | 0 15 |
| **VERONICA** excelsa, *Véronique élevée* | 0 15 |
| **VINCA** major, *Pervenche grande* | 0 15 |
| **VIOLA** odorata, *Violette odorante* | 0 15 |
| **ZINGIBER** officinalis, *Gingembre ordinaire* | 0 25 |
| — zerumbet, *G. marron* | 0 25 |

On livrera cent plantes variées, des espèces ci-dessus, pour 10 fr.

---

## PLANTES ÉCONOMIQUES VIVACES.

| | |
|---|---|
| **CANNE A SUCRE**, blonde d'Otaïti, boutures à 2 yeux | 0 05 |
| — violette de Saint-Domingue, id. | 0 05 |
| — rubanée de Batavia, id. | 0 05 |
| — verte de l'Inde, id. | 0 05 |
| **HOUBLON**, le cent, 2 francs | 0 02 |
| **NOPAL** à cochenille, boutures simples, à 5 fr. le mille | 0 00 |
| — à cochenille, boutures doubles, à 15 fr. le mille | 0 00 |

### CHINA-GRASS.

On confond sous cette dénomination plusieurs plantes cultivées en Chine et dans les Indes anglaises et néerlandaises. Ces plantes font partie du genre *Bœhmeria*, de la famille des *Urticées*.

| | |
|---|---|
| **BŒHMERIA** nivea, Hook., *Urtica nivea*, Lin., Chine-moyenne | 0 10 |

La pièce
Fr. c.

**BŒHMERIA** candicans, HOOK., Chine méridionale, Moluques . . . . . . . . . . . . . . . . . 0 10

**BŒHMERIA** tenacissima, HOOK., Kloï des Javanais et dans les Indes néerlandaises. . . . . . . . 0 20

**BŒHMERIA** palmata, HOOK., appelé *Gonii* à Palembang, Sumatra. . . . . . . . . . . . . . . . 0 25

Les Bœhmeria ne résistent pas à la gelée, et ils ont besoin d'une somme de chaleur assez élevée pour donner de bons résultats. La Bœhmeria nivea est la plus rustique et on pourrait la cultiver dans les pays où la gelée se fait sentir, en ayant la précaution de couvrir les souches avec des feuilles ou de la litière pendant l'hiver.

Ces plantes doivent être cultivées dans un bon sol, pas compact, frais naturellement, ou pouvant être irrigué pendant l'été. Dans les pays chauds tels que l'Algérie, des labours profonds sont nécessaires. La plantation se fait en février et mars. Les plants ou éclats se mettent à 0 m. 50 c. en tous sens. On peut diviser la plantation en planches afin de faciliter les irrigations et les travaux d'entretien.

## TUBERCULES ALIMENTAIRES.

**IGNAME** de la Chine, *Discorea Batatas,* tubercules, le kilog. 0 50
— de la Chine, *D. Batatas*, bulbilles. . le cent. 2 00
— très élevée, *D. altissima,* bulbilles. . le kilog. 0 50

IGNAME AILEE, CRAMBAR, *Dioscorea alata.*

*Tubercules arrondis.*

**IGNAME** ailée patte de tortue. . . . . . . . le kilog. 0 50
— — violette ronde . . . . . . . . . . id. 0 50
— — rose ronde . . . . . . . . . . . id. 0 50

| | | | Le kilog. Fr. c. |
|---|---|---|---|
| **IGNAME** (*suite*). | | | |
| | | *Tubercules pivotants.* | |
| — | — | jambe d'éléphant | 0 50 |
| — | — | longue violette intense | 0 50 |
| — | — | longue rouge | 0 50 |
| — | — | longue rose | 0 50 |
| — | — | longue jaune | 0 50 |
| — | — | longue marbrée | 0 50 |
| — | — | de Piddington, *Dioscorca Piddingtoni*, tubercules arrondis | 0 50 |

Cette plante tuberculeuse, aux tiges volubiles, au feuillage abondant, est généralement cultivée dans toute la zone tropicale et est plus particulièrement connue, dans nos colonies, sous le nom de *Crambar* ou *Cambar*.

Comme toutes les plantes cultivées de longue date, cette espèce a produit un nombre infini de variétés, qui se distinguent principalement par la forme, la couleur et la saveur des tubercules. Les variétés les plus délicates forment, avec le manioc, le pain des travailleurs noirs et de la majeure partie des habitants; les plus communes sont abandonnées aux porcs; les rameaux et les feuilles sont données en pâture aux ruminants. Dans ces contrées, les tubercules d'igname ailée contiennent communément près de 22 0|0 de fécule; les meilleures pommes de terre de France donnent 20 0|0 de fécule, et, en Algérie, la patate en renferme 19 à 20 0|0, plus un principe sucré qui varie de 1 à 3 0|0.

La forme des tubercules des diverses variétés d'ignames varie, et cette forme influe elle-même sur l'économie de la culture. Ainsi, il y a des tubercules qui plongent en terre à cinquante et soixante centimètres, leur extraction demande un travail beaucoup plus considérable que ceux qui sont arrondis, car, tandis qu'un quintal d'ignames à tubercules arrondis, coûte d'arrachage 0 fr. 29 c., le même poids de tubercules pivotants revient à 1 fr. 45 c. et quelquefois plus.

Voici le rendement rapporté à la surface d'un hectare et le revient de l'arrachage, par quintal métrique, des diverses espèces et variétés d'ignames cultivées au Jardin d'acclimatation, et établis d'après une moyenne de deux années.

| NOMS DES ESPÈCES et VARIÉTÉS. | POIDS de tubercules obtenu par hectare. | PRIX de revient de l'arrachage par quint. mét. | OBSERVATIONS. |
|---|---|---|---|
| IGNAME. | Kilog. | fr. c. | |
| Ailée, patte de tortue........ | 34,000 | 0 29 | |
| — ronde violette........ | 20,440 | 0 29 | |
| — ronde blanche........ | 11,330 | 0 29 | |
| — ronde rose. .......... | 27,610 | 0 29 | |
| — jambe d'éléphant. .... | 37,870 | 1 45 | |
| — longue jaune......... | 15,950 | 1 45 | |
| — longue centre jaune.. | 12,950 | 1 45 | |
| — longue violette intense. | 18,880 | 1 45 | |
| — longue corne de bœuf. | 28,560 | 1 55 | |
| — colonne des bois ..... | 27,700 | 1 45 | |
| — longne rouge.. ...... | 33,770 | 1 45 | |
| — longue rose. ... ..... | 25,230 | 1 45 | |
| — longue marbrée....... | 24,440. | 1 45 | |
| Patte de tigre.............. | 58,090 | 3 50 | Extraction très-difficile. |
| Trifoliée ................ | 13,150 | 0 30 | |
| Cultivée.................. | 13,850 | 0 40 | |
| De Piddington. ........... | 18,723 | 0 30 | |
| De la Chine............... | 27,005 | 5 00 | |
| Très-élevée............... | 26,660 | » | Ces deux dernières espèces ne produisent que de gros bulbilles à l'aisselle des feuilles. |
| A bulbilles anguleux........ (1) | 11,420 | » | |

Le poids des tiges et des feuilles produit sur la surface d'un hectare, par les diverses variétés de l'igname ailée, est d'environ vingt mille kilogrammes. Ces parties herbacées de la plante sont mangées avec avidité par les bœufs, les moutons et les chèvres. On peut les couper vers la fin de novembre, époque de la récolte des tubercules, et à laquelle précisément le pâturage naturel est encore rare ou de mauvaise qualité, parce que les herbes qui naissent spontanément sont encore trop tendres.

La culture de l'igname ailée n'est pas difficile; cependant elle exige une somme de chaleur assez élevée; une terre profonde, meuble, substantielle, abondamment fumée : des irrigations pendant l'été et des supports pour ses tiges. On emploie, à ce dernier effet, de fortes rames comme pour les haricots grimpants et le houblon. Les ignames, dont on laisse

(1) Ces variétés ou espèces d'Ignames ne sont pas toutes en vente. Voir le Catal., page 128 et 129.

les tiges ramper sur le sol, donnent un poids de tubercules moindre de moitié de celles qui sont ramées.

La plantation de l'igname ailée se fait à la fin d'avril ou au commencement de mai. On coupe les tubercules par fragments comme on le fait d'ordinaire pour les grosses pommes de terre, en ayant soin que l'une des faces, au moins, de chaque fragment, soit revêtue de l'écorce, seul point d'où peuvent naître les germes; il ne faut pas non plus réduire ces fragments à un trop petit volume. On saupoudre de cendre de bois les plaies de chaque tronçon, afin d'aider la cicatrisation et empêcher la pourriture.

On plante ces morceaux en lignes, de façon à ce qu'ils soient recouverts de huit à dix centimètres de terre parfaitement meuble, en ayant soin de tourner la partie revêtue d'écorce par le haut, afin de faciliter la sortie des germes. On donne des rames lorsque les pousses ont quinze à vingt centimètres. On irrigue ensuite, et l'on donne des binages selon les besoins.

On espace les lignes à un mètre environ, et les plantes à cinquante ou soixante centimètres sur la ligne. La plantation de l'igname, qui peut se faire directement par tronçons de tubercules, est ainsi rendue plus économique que celle de la patate, qui doit se faire par drageons obtenus sur des tubercules mis à pousser sur couches.

Il faut environ cinquante kilogrammes de tubercules coupés en fragments pour ensemencer un hectare. Les tubercules d'igname se conservent pendant l'hiver, comme les patates.

Ce qui vient d'être dit de cette culture peut s'appliquer à toutes les espèces d'ignames originaires des régions tropicales. Quant à l'igname de la Chine, qui vient dans des contrées beaucoup plus froides, il faut en planter les tronçons ou les bulbilles à la fin de février en Algérie. Les tubercules qui sont minces, en forme de massue et très pivotants, doivent être mis beaucoup plus rapprochés que les autres. On dispose la plantation en planches un peu creuses pour être irriguées; on y plante les tronçons ou les bulbilles, à quinze centimètres de distance en tous sens. Les tronçons de tubercules donnent des produits plus gros que les bulbilles, les produits de ces derniers font d'excellents plants pour l'année suivante. Il n'est pas nécessaire d'extraire les tubercules de l'igname de la Chine de terre pour les conserver pendant l'hiver. On peut se contenter de les arracher au fur et à mesure de la consommation, jusqu'au moment où ils commencent à pousser, au printemps.

Les tubercules de l'igname de la Chine sont excellents à manger; mais par le genre de culture que cette plante exige et à cause du travail considérable que demande l'extraction de son produit, elle passera difficilement dans le domaine de la grande culture, et paraît ne pas devoir sortir des limites du jardin potager.

## PATATES, *Batatas edule.*

| | | Le kilog. Fr. c. |
|---|---|---|
| **PATATE**, | papa camotes, blanches, roses, violettes, de l'Equateur | 0 50 |
| — | blanche ronde | 0 50 |
| — | blanche longue | 0 50 |
| — | rouge de la Martinique | 0 50 |
| — | longue violette | 0 50 |
| — | blanche de six semaines | 0 50 |
| — | igname blanche | 0 50 |
| — | rose de Malaga | 0 50 |
| — | grise | 0 50 |
| — | pépé blanche | 0 50 |
| — | longue rouge | 0 50 |
| — | longue jaune | 0 50 |

On livre, au mois de mai, des plants de patate à 1 fr. le cent.

Voici le rendement comparatif, à l'hectare, de ces diverses variété de Patates (1).

| | Kilogrammes. |
|---|---|
| Papa camotes blanche | 11,760 |
| — rose | 17,660 |
| — violette | 11,420 |
| Blanche ronde | 20,000 |
| Rouge ronde | 33,520 |
| Rouge de la Martinique | 26,831 |
| Longue violette | 25,530 |
| Blanche de six semaines | 11,910 |
| Rose ronde de Malaga | 28,850 |
| Grise | 14,170 |
| Pépé blanche | 26,510 |
| Longue rouge | 30,000 |
| Longue jaune | 35,810 |
| Igname blanche | 33,770 |

(1) Les variétés les plus productives sont : la Rouge longue, l'Igname blanche, la Longue jaune, la Rose de Malaga ; ce sont celles qui donnent les tubercules les plus volumineux et qui sont à préférer pour la culture en grand. La Patate de six semaines se distingue par sa précocité, les Papas camotes par la délicatesse de leur produit et conviennent pour le jardinage.

En outre, les Patates donnent par hectare, de 50 à 60,000 kilogrammes de tiges et feuilles, que les bestiaux mangent avidemment et que l'on peut utiliser avec avantage avant la récolte des tubercules.

| | | Le kilog. Fr. c. |
|---|---|---|
| **GOUET** comestible, Colocase d'Egypte, *Colocasia esculenta* | | 0 50 |
| — — | Taro de la Polynésie, *C. edule* | 0 50 |
| — — | à feuilles sagittées, Chou Caraïbe, *C. sagittæfolia* | 0 50 |

Les Gouets, ou Colocases, sont cultivés et utilisés dans toute la zone tropicale, sous le nom de *Colcase* en Egypte, de *Taro* aux îles Marquises et dans la Polynésie, de *Sonche* et de *Chou* à l'île de la Réunion, et de *Malanga* aux Antilles. Les tubercules, qui sont très succulents et d'une saveur agréable, entrent dans la nourriture humaine, après une cuisson opérée avec soin, afin de détruire le principe âcre qu'ils renferment; les jeunes feuilles sont cuites à l'eau et préparées comme les épinards; ces feuilles sont également données au bétail. Ces plantes réussissent très bien en Algérie, sur le littoral; il leur faut un terrain frais, ou entretenu frais par les irrigations. Elles réussiraient bien dans certains marais des plaines basses, où leur beau et ample feuillage, couvrant le sol, arrêterait la production des miasmes à l'automne, tout en produisant des ressources alimentaires très précieuses.

| | | |
|---|---|---|
| **BALISIER** comestible, *Canna edulis* | | 0 30 |
| — | à deux couleurs, *C. discolor* | 0 30 |
| **TOPINAMBOUR** *Helianthus tuberosa* | | 0 30 |

# FRUITS DIVERS

## Bananes

| | | Fr. c. |
|---|---|---|
| Variété à gros fruits | le fruit | 0 05 |

On ne livrera jamais moins d'un régime entier à la fois, qu'il soit gros ou petit. Le prix en sera établi, d'après le nombre de fruits dont il se composera.

Variété a petits fruits.

| | Fr. | c. |
|---|---|---|
| Régime composé de 30 à 60 fruits, le régime. . . . . . | 2 | 50 |
| — — de 60 à 100 fruits, id. . . . . . . . . | 6 | 00 |
| — — de plus de 100 fruits, id. . . . . . . . . | 10 | 00 |

### Goyaves

(Ces fruits mûrissent de fin d'octobre à la fin de décembre.)

Goyaves pyriformes, le kilogramme. . . . . . . . . . . 0 40

On ne livrera pas moins de cinq kilogrammes à la fois.

### Citrons

Citrons ordinaires. . . . . . . . . . . . . . le cent. . 2 50

## OBJETS DIVERS

**ÉCAILLES** (*ligules*) de Bambou grande espèce, pour écrans, éventails, etc., le paquet de 12. . 1 25

**BAGUETTES** de Bambou pour cannes, etc., la demi-douzaine. . . . . . . . . . . . . . . 3 00

# GRAINES

## GRAINES D'ARBRES ET D'ARBRISSEAUX DES RÉGIONS CHAUDES ET TEMPÉRÉES.

LE PAQUET 0 fr. 25 cent.

| | | | Fr. c. |
|---|---|---|---|
| ABROMA | augusta, LIN., Inde | les 25 gram. | 1 50 |
| ACACIA | albicans, LABILL., Nouvelle-Hollande | les 50 gram. | 1 50 |
| — | anapinda, BONPL, du Paraguay | .... id. ..... | 1 50 |
| — | aroma de Corientes, BONPL., du Paraguay. | .... id. ..... | 1 50 |
| — | Capensis, BURCH., *Acacie du Cap* | .... id. ..... | 1 50 |
| — | Cultriformis, HOOK., Nouvelle-Hollande | les 10 gram. | 1 50 |
| — | Cavenia, BEST., *A. odorant de Buenos-Ayres* | les 100 gram. | 1 50 |
| — | dodoneifolia, DESF., Nouvelle-Hollande | les 10 gram. | 1 50 |
| — | eburnea, WILD., Inde | les 50 gram. | 4 00 |
| — | farnesiana, WILL., *A. de Farnèse, Cassie.* | les 100 gram. | 1 50 |
| — | floribunda, WILL., Nouvelle-Hollande | les 5 gram. | 1 00 |
| — | glaucescens, WILLD., Nouvelle-Hollande | .... id. ..... | 1 00 |
| — | horrida, WILL., Cap de Bonne-Espérance. | les 10 gram. | 1 50 |
| — | ixiophylla, Nouvelle-Hollande | .... id. ..... | 1 50 |
| — | leucocephala, BESTER, *A. à tête blanche*, Portorico | les 100 gram. | 1 00 |
| — | longifolia, WILD., *A. à longues feuilles*, Nouvelle-Hollande | .... id. ..... | 1 50 |
| — | longissima, LINK., *A. à très-longues feuilles*, Nouvelle-Hollande | les 50 gram. | 2 00 |
| — | lophanta, WILD., Nouvelle-Hollande | les 100 gram. | 2 00 |
| — | — distachya, HORT | .... id. ..... | 2 00 |
| — | — Neumannii, HORT | .... id. ..... | 2 00 |
| — | Melanoxylon, R. BR., Nouvelle-Hollande. | les 5 gram. | 1 00 |
| — | Naudubay, BONPL., Urugay | les 25 gram. | 1 50 |
| — | Saligna, WINDEL., Nouvelle-Hollande | les 20 gram. | 1 50 |
| — | Sophora, R. BR., Nouvelle-Hollande | les 100 gram. | 1 50 |
| — | strumbulifera, WILD., *A. à fruits en forme de conque*, Pérou | .... id. ..... | 1 50 |
| — | trinervata, LABILL., Nouvelle-Hollande | .... id. ..... | 1 50 |
| AGAVE | Americana, LIN | .... id. ..... | 1 50 |
| — | Mexicana, LAM, *Agave du Mexique* | .... id. ..... | 4 00 |
| — | vivipara, LIN., Mexico | .... id. ..... | 4 00 |

| | | Fr. c. |
|---|---|---|
| ALOE angulata, WILD | le paquet. | 0 25 |
| — brachyphylla, SALM-DYCK | id. | 0 25 |
| — ciliaris, HAW | id. | 0 25 |
| — carinata, MILL | id. | 0 25 |
| — excavata. WILD | id. | 0 25 |
| — glabra, SALM-DIDK | id. | 0 25 |
| — lingua, AUT | id. | 0 25 |
| — linguiformis | id. | 0 25 |
| — maculata, CURT | id. | 0 25 |
| — umbellata, id | id. | 0 25 |
| AMIROLA nitida, PERS., Pérou | les 10 gram. | 1 50 |
| AMORPHA fruticosa, LIN., *Amorphe frutiqueux*, Amérique Septentrionale | les 100 gram. | 1 00 |
| ANAGYRIS fœtida, LIN., Algérie | id. | 1 00 |
| ANONA cherimolia, MILLER., Pérou | les 50 gram. | 1 50 |
| AVERRHOA acida, LIN., Inde | les 10 gram. | 1 00 |
| BANISTERIA chrysophylla, LAM., Brésil | les 50 gram. | 2 00 |
| BIGNONIA Twediana | les 10 gram. | 1 00 |
| BONTIA daphnoïdes, LIN., Antilles | les 15 gram. | 1 50 |
| BUMELIA tenax, WILD., Caroline | les 50 gram. | 1 00 |
| — ambigua, Tenore | id. | 1 00 |
| CALLICARPA americana, LIN., Caroline | les 25 gram. | 1 00 |
| — arborea, ROXB. Népaul | id. | 1 50 |
| — cana, LIN., Inde | id. | 1 50 |
| — macrophylla, VAHL., Inde | id. | 1 50 |
| — purpurea, JUP., Chine | id. | 1 50 |
| CALLISTEMON coriaceum, D. C., Nouvelle-Hollande. | le gramme. | 1 00 |
| — lineare, D. C., Nouvelle-Hollande | id. | 1 00 |
| — saligum, D. C., Nouvelle-Hollande | id. | 1 00 |
| — speciosum, D. C., Nouvelle-Hollande. | id. | 1 00 |
| CÆSALPINIA sappan, LIN., Inde | les 50 gram. | 1 50 |
| CALLITRIS quadrivalvis, *Thuya articulé*, Algérie | les 100 gram. | 1 00 |
| CASSIA falcata, LIN., *Cassie à feuilles en faulx*, Amérique australe | id. | 1 50 |
| — humilis, COLL., *naine*, Amérique australe. | id. | 1 50 |
| — lævigata, WILLD., *C. à feuilles lisses*, Nouvelle-Espagne | id. | 1 50 |
| — corymbosa, LIN., Buenos-Ayres | id. | 1 50 |
| — schinifolia, LIN., *C. Berclayana*; SWEET., Nouvelle-Hollande | id. | 1 50 |
| — torosa, CUN., *C. de la Chine* | id. | 1 50 |
| — sophora, LIN., Inde | id. | 1 50 |
| CASUARINA équisetifolia, FORST., Océanie | les 5 gram. | 1 50 |
| — lateriflora, LAM., Madagascar | id. | 1 50 |
| CERATONIA siliqua, LIN., *Caroubier*, Algérie | les 100 gram. | 0 50 |
| CHAMÆROPS humilis, LIN., Algérie | le kilog. | 3 00 |
| CHOROZEMA Chandleri, HORT. de l'Australie | les 5 gram. | 1 00 |
| — ilicifolia, LABILL., de l'Australie | id. | 1 00 |

| | | Fr. c. |
|---|---|---|
| CHOROZEMA cordata, LINDL., de l'Australie........ | les 5 gram. | 1 00 |
| — rotundifolia, HORT., de l'Australie... | .... id. ..... | 1 00 |
| — splendens, HORT., de l'Australie.... | .... id. ..... | 1 00 |
| — varia, HORT., de l'Australie......... | .... id. ..... | 1 00 |
| CITRUS médica, RISS., *Cédratier*; 4 var.......... | les 100 gram. | 1 50 |
| — Limetta, RISS., *Lumie*; 5 var............. | .... id. ..... | 1 50 |
| — Limonium, RISS., *Limon*, 5 var.. ....... | .... id. ..... | 1 50 |
| — Aurantium, RISS., *Oranger*; 8 var........ | .... id. ..... | 1 00 |
| — vulgaris, RISS., *Bigaradier*; 6 var....... | .... id. ..... | 1 00 |
| — Decumana, LIN., *Pompelmousse*; 3 var.... | .... id. ..... | 1 50 |
| — Nobilis, LOUR., *Mandarin*; 2 var......... | .... id. ..... | 1 50 |
| CLERODENDRON ternifolium, H. B., Orénoque... | les 25 gram. | 1 00 |
| — augustifolium, SPRENG. Jamaïque. | .... id. ..... | 1 00 |
| COLLETIA horrida, BRONGT., Chili.............. | les 10 gram. | 1 00 |
| CORDIA domestica, ROTH., *Cordia domestique*, Inde. | les 50 gram. | 4 00 |
| — scabra, DESF., Inde.................... | .... id. ..... | 2 00 |
| CORONILLA glauca, LIN., Espagne............. | les 100 gram. | 1 00 |
| — valentina, LIN., Espagne............ | .... id. ..... | 2 50 |
| COULTERIA tinctoria, D. C. Mexique............ | .... id. ..... | 1 00 |
| CROTON sebiferum, LIN., Chine........ ......... | les 50 gram. | 1 50 |
| CUPRESSUS funebris, LINDL., Chine............ | .... id. ..... | 2 50 |
| — horizontalis, *Cyprés horizontal*....... | le kilo. | 6 00 |
| — pyramidalis, *Cyprès pyramidal*...... | .... id. ..... | 6 00 |
| DARLINGTONIA glandulosa, D. C. Amérique australe........................ | les 50 gram. | 1 50 |
| DATURA arborea, LIN., Amérique australe....... | les 25 gram. | 2 00 |
| DESMANTHUS virgatus, WILLD., Inde........... | .... id. ..... | 1 50 |
| DODONEA burmannia, D. C., Inde............. | les 10 gram. | 0 50 |
| DURANTA brachypoda, TOD.................... | les 100 gram. | 2 00 |
| — ellisia, LIN., Antilles................ | .... id. ..... | 1 50 |
| — inermis, LIN., Antilles............... | .... id. ..... | 1 50 |
| — integrifolia, TOD.................... | .... id. ..... | 2 00 |
| — microphylla, DESF., Inde............. | .... id. ..... | 2 00 |
| — plumierii, LIN., Antilles.............. | .... id. ..... | 1 50 |
| DRACÆNA draco, LIN., Inde.................. | .... id. ..... | 5 00 |
| EHRETIA tinifolia, LIN., Amérique australe....... | les 10 gram. | 0 50 |
| ERIOBOTRYA japonica, LINDL., néflier du Japon à livrer en avril et mai............ | le kilo. | 5 00 |
| ERYTHRINA crista-galli........................ | les 100 graines. | 4 00 |
| — laurifolia.......................... | .... id. ..... | 4 00 |
| EUCALYPTUS oppositifolia, DOLL.............. | les 10 gram. | 1 00 |
| EUGENIA uniflora, *E. Micheli*, LAM............ | les 50 gram. | 1 50 |
| FADYENIA laurifolia, ENDL., Mexique......... ... | les 10 gram. | 1 00 |
| GENISTA Canariensis, LIN., Canaries............ | les 20 gram. | 0 50 |
| — monosperma, LAM., Algérie............. | .... id. ..... | 0 50 |
| GOODIA medicaginea, SALISB., de l'Australie..... | les 10 gram. | 2 00 |
| GREVILLEA robusta, CUNN., Nouvelle-Hollande.... | les 100 gram. | 6 00 |
| HABROTHAMNUS Bondouxii, HORT., Mexique..... | les 10 gram. | 1 00 |

| | | Fr. c. |
|---|---|---|
| HABROTHAMNUS elegans, BRONGT., Mexique | les 10 gram. | 1 00 |
| — Hugelii, HORT., Mexique | .... id. | 1 00 |
| — scaber, HORT., Mexique | .... id. | 1 00 |
| HARDENBERGIA monophylla, BENTH. Variétés alba, Nouvelle-Hollande | les 5 gram. | 1 00 |
| HEXACENTRIS coccinea, NÉES., Inde | les 10 gram. | 1 50 |
| HIBISCUS abelmoschus, LIN., Inde | les 50 gram. | 3 00 |
| — liliflorus, CAV., Ile Bourbon | les 10 gram. | 1 50 |
| — mutabilis, LIN., Inde | les 50 gram. | 1 50 |
| — Syriacus, LIN., *varié, Syrie* | les 100 gram. | 1 50 |
| — immutabilis,, HORT | les 50 gram. | 1 00 |
| — manihot, LIN., Inde | .... id. | 2 00 |
| HOVENIA dulcis, THUNB., Japon | les 10 gram | 1 00 |
| ILEX cassine, LIN | les 100 graines. | 1 00 |
| INDIGOFERA australis, WILLD., Nouvelle-Hollande. | les 5 gram. | 1 00 |
| KENNEDIA rubicunda, VENT., Nouvelle-Hollande.. | les 10 gram. | 1 50 |
| KŒLREUTERIA paniculata, LAXM., Chine | les 100 gram. | 1 00 |
| LANTANA camara et variétés | .... id. | 1 50 |
| LAGERSTRŒMIA indica, LIN., Chine | les 10 gram. | 1 50 |
| LATANIA Borbonica, LAM., *Livistonia sinensis* | le kilog. | 5 00 |
| LAVATERA arborea. LIN., Afrique boréale | les 100 gram. | 4 00 |
| LIGUSTRUM Japonicum, THUNB., Japon | .... id. | 0 50 |
| LOTUS jacobeus, LIN., Afrique | les 10 gram. | 1 00 |
| MAGNOLIA grandiflora, LIN | les 50 gram. | 1 50 |
| MELALEUCA armillaris, SMITH, Nouvelle-Hollande. | le gramme. | 1 00 |
| — decussata, R. BR., Nouvelle-Hollande. | .... id. | 1 00 |
| — ericæfolia, SMITH., Nouvelle-Hollande | .... id. | 1 00 |
| — hypericifolia, SMITH, Nouvelle-Hollande | .... id. | 1 00 |
| — squamea, LABILL., Nouvelle-Hollande | .... id. | 1 00 |
| MELIA azedarach, LIN., Inde | les 100 gram. | 0 50 |
| — sempervirens, SVV., Jamaïque | id. | 0 75 |
| MIMOSA glomerata, FORST., Arabie | les 10 gram. | 1 50 |
| MYOPORUM tuberculatum, R. BR., N.-Hollande... | les 100 gram. | 3 00 |
| PHŒNIX dactilifera, LIN | le kilog. | 10 00 |
| PHYLLANTHUS grandifolius, LIN., Portorico | les 50 gram. | 1 00 |
| PHYTOLACCA dioïca, LIN., *Bella sombra*, Amérique australe | les 100 gram. | 1 50 |
| PINUS Alepensis, *Pin d'Alep* | le kilogr. | 6 00 |
| — Pinea, *Pin pignon* | le 1/2 kilogr. | 2 00 |
| PLATANUS occidentalis, *Platane d'Occident* | le kilogr. | 5 00 |
| — orientalis, *Platane d'Orient* | le 1/2 kilogr. | 3 00 |
| POINCIANA gilliesii, HOOK., Amérique australe.. | les 50 gram. | 1 50 |
| POLYGALA cordifolia, THUMB, cap de Bonne-Espérance | les 10 gram. | 2 50 |
| — myrtifolia, LIN., Cap de Bonne-Esp.... | .... id. | 2 50 |

| | | Fr. c |
|---|---|---|
| POLYGALA simplex, BURCH., Cap de Bonne-Esp... | les 10 gram. | 2 50 |
| POMADERRIS apetala, LABILL., Nouvelle-Hollande. | ..... id. ..... | 2 50 |
| PSIDIUM aromaticum, AUBL., Guyane ......... | les 50 gram. | 1 50 |
| — Cattleyanum, SABIN., Chine ............. | .... id....... | 1 50 |
| — Sinense, LODD., Chine.... .............. | .... id....... | 1. 50 |
| — pyriferum, LIN., Antilles .... ........... | . .. id....... | 1 50 |
| PTELEA trifoliata, LIN., Amériqne Septentrionale. | .... id....... | 1 00 |
| RHAMNUS utilis, DEC., Chine............... .... | les 15 gram. | 0 50 |
| — tinctorius, Chine.................... | ... id....... | 0 50 |
| RHUS pentaphyllum, DESF., Algérie ........... .. | les 100 gram. | 1 50 |
| SABAL adansoni, GUÉRUS., Mexique. ........... | .... id....... | 4 00 |
| — Palmetto, LODD., Floride.... ............. | .... id....... | 4 00 |
| SAPINDUS indicus, POIR., Inde .............. . . | les 250 gram. | 2 00 |
| — surinamensis, POIR., Surinam.......... | . . . id. ..... | 2 00 |
| SCHOTIA latifolia, Jacq., Cap de Bonne-Espérance. | les 50 gram. | 2 00 |
| SIDA mollissima, CAT., Pérou..................... | les 15 gram. | 1 00 |
| SIDEROXYLUM atrovirens, Lam., Cap de B.-E.... | les 50 gram. | 1 50 |
| SIPANEA carnea, BRONGT. Guyane................. | les 5 gram. | 2 00 |
| SOLANUM laciniatum, AIT., Nouvelle-Hollande .... | les 10 gram. | 1 00 |
| — lanceolatum, CAV., Mexique ............ | .... id....... | 1 00 |
| SOLLYA heterophylla, LINDL., Nouvelle-Hollande. . | .... id.. .... | 1 00 |
| SOPHORA littoralis, SCHRAD., Brésil.............. . | les 25 gram. | 1 00 |
| SPARTIUM junceum, LIN, *Genët d'Espagne*........ | les 100 gram. | 0 50 |
| STERCULIA plantanifola, LIN., *Sterculier à feuilles de platane*, Chine............ | .... id....... | 1 00 |
| SYZIGIUM jambolanum, D. C., Inde ............ | les 50 gram. | 1 50 |
| SWAINSONIA Greyana, HOOK, Nouvelle-Hollande.. | les 10 gram. | 1 50 |
| — rosea, HORT., Nouvelle-Hollande . ... | .... id....... | 1 50 |
| TANGHINIA venenifera POIR., Madagascar........ | les 10 grain. | 1 00 |
| THEVETIA neriifolia, LIN., Antilles. ............. | .... id....... | 1 00 |
| THUYA Nepalensis, HORT....................... | les 30 gram. | 0 75 |
| — Orientalis, LIN., *Thuya d'Orient* ......... | les 100 gram. | 0 75 |
| TECOMA stans, JUSS , Antilles................... | les 10 gram. | 1 00 |
| — mollis, H. B., Mexique................ | .... id....... | 1 00 |
| VIRGILIA aurea, LAM., Abyssinie............... | .... id....... | 1 00 |
| VITEX agnus castus, LIN ....................... | les 100 gram. | 1 00 |
| WEBBIA Canariensis, SPACH.. *Canaries, Hypericum Canariense*................. | les 10 gram. | 1 00 |
| WIGANDIA caracassana, H. B. *Caracas*........ .. | le gram. | 1 00 |
| YUCCA alœfolia, LIN., Amérique australe ........ | les 100 gram. | 5 00 |

---

ON DONNERA UNE COLLECTION DE CENT ESPÈCES, EN CENT PAQUETS, POUR 20 FRANCS.

## GRAINES DE QUELQUES PLANTES COMESTIBLES.

| | | Fr c. |
|---|---|---|
| ALKEKENGE, coqueret, *Physalis edulis* ........ | le paquet. | 0 25 |
| ARROCHE blonde, *Atriplex hortensis*............ | .... id....... | 0 25 |
| AUBERGINE, melongêne, *Solanum melongena*, Aubergine longue, grosse, ronde, panachée........ | les 30 gram. | 0 50 |
| ASPERGE, *Asparagus officinalis*, Asperge de Hollande.... ........................ | .... id....... | 0 50 |
| — d'Argenteuil........ ........ .... ... | .... id....... | 0 50 |
| BASELLE blanche, *Basella alba* .......... ........ | le paquet. | 0 25 |
| — rouge, — *rubra* .................... | .... id....... | 0 25 |
| BASILIC, *Ocymum basilicum*, LIN., Basilic à feuilles de laitue ........................ | les 30 gram. | 1 00 |
| — anisé ................................ | . .. id...... | 1 00 |
| — des moines ............................ .. | .... id....... | 1 00 |
| — fin vert....................... ........ | .... id. ..... | 1 00 |
| — fin violet ............................ | .... id....... | 1 00 |
| — frisé. ................................ | .... id...... | 1 00 |
| — grand violet.......................... | .... id....... | 1 00 |
| BENINCASA cerifera, de la Chine................. | le paquet. | 0 25 |
| CHOU-FLEUR de Naples, *Brassica botrytis*, DESF... | les 30 gram. | 2 00 |
| CONCOMBRE *cucumis sativus*, LIN., Concombre blanc de Bonneuil........................... | le paquet. | 0 25 |
| COURGE, *Cucurbita*. Courge à la moëlle. . ...... | .... id. ..... | 0 25 |
| — pleine, de Naples.... | ... id. ..... | 0 25 |
| — sucrière du Brésil... | .... id. ..... | 0 25 |
| — de Valparaiso. ...... | .... id. ..... | 0 25 |
| — des Bédouins. ....... | .... id. ..... | 0 25 |
| — des Patagons. ....... | .... id. ..... | 0 25 |
| — Giraumon turban. ... | .... id. ..... | 0 25 |
| — Patisson, bonnet de prêtre............. | .... id. ..... | 0 25 |
| — Potiron d'hiver.. .... | .... id. ..... | 0 25 |
| — — jaune gros... | .... id. ..... | 0 25 |
| DOLIQUE à longues gousses, haricot asperge, *Dolichos sesquipedalis*.................... | les 500 gram. | 1 25 |
| — à gousse étroite, *D angustissimus*. DEL. | .... id. ..... | 1 25 |
| — à deux fleurs, *D. biflorus*, LIN... ...... | .... id. ..... | 1 25 |
| — à œil noir, mongette, D. C., *melanophthalmus*, LIN.. ....................... | .... id. . ... | 1 25 |
| — d'Égypte, *D. loubia*, FORST. ........... | .... id. ..... | 1 25 |
| — de Honduras, *D. Hunduricus*, HORT. ... | .... id. ..... | 1 25 |
| — des moines, *D. Monachalis*........... | .... id. ..... | 1 25 |
| — de l'Inde, *D. Catiang*. ............... | .... id. ..... | 1 25 |
| — à feuilles en hallebarde, *hastatus*, D. C. | .... id. ..... | 1 25 |

| | | Fr. c. |
|---|---|---|
| DOLIQUE de Tranquebar, *Tranquebaricus*, D. C... | les 500 gram. | 1 25 |
| — à ombelles, *umbellatus*................ | .... id. ..... | 1 25 |

Les Doliques, semés en avril et mai, se récoltent en août et septembre. Leur culture est exactement celle des haricots, que tout le monde connaît. Ces plantes réussissent très bien sous les climats chauds et donnent en abondance une nourriture aussi saine qu'agréable, d'une conservation très facile. Les graines de Doliques peuvent parfaitement convenir aux grands approvisionnements et entrer, concurremment avec les haricots, dans les réserves que font les administrations de la guerre et de la marine. Un débouché important pourrait s'offrir pour l'Algérie, sous ce rapport. Le rendement des Doliques est de 20 à 25 quintaux à l'hectare. Les variétés les plus estimables sont : le *D. melanophthalmus*, à œil noir, ou *mongette*; le *D. Catiang ;* le *D. loubia* ; le *Dolique des moines*, par la délicatesse de son goût. Le *Dolique asgerge* est remarquable par la longueur de ses gousses, qui ont souvent un demi-mètre et qui sont excellentes à manger en tendre.

| | | |
|---|---|---|
| GOMBO, *Hibiscus esculentus*, Lin.............. .... | le paquet. | 0 25 |
| HARICOT ARBUSTE, Mungo; *Phaseolus mungo*, Lin. | les 500 gram. | 2 00 |
| — *P. glycineformis*............ | .... id....... | 2 00 |

Ces deux espèces de haricots ont les grains excessivement petits et sont cultivés aux Colonies sous le nom d'*Embériques*. Elles sont très productives et le grain en est délicat à manger.

| | | |
|---|---|---|
| HARICOT DE LIMA, *Phaseolus lunatus*, D. C. | | |
| Haricot de Lima, blanc ......... | .... id....... | 2 00 |
| — — panaché ....... | .... id... ... | 2 00 |
| — — à ombilic noir. | .... id... ... | 2 00 |
| — DU CAP, *Phaseolus inamœnus*, Lin. | | |
| Haricot du Cap, blanc .... ........ | .... id....... | 2 00 |
| — — marbré........... | .... id....... | 2 00 |
| — — bicolor ............ | .... id....... | 2 00 |

Ces deux espèces de haricot sont d'une culture très avantageuse sur le littoral Algérien ; ils sont à rames, ligneux et durent plusieurs années pendant lesquelles ils se couvrent d'abondantes gousses, pour peu que la terre soit de bonne qualité, sans exiger d'autres soins que quelques sarclages et quelques irrigations au plus fort de la sécheresse. Ils produisent

Fr. c.

ainsi presque en tout temps et sont à la fois précoces et tardifs. Les grains de ces deux espèces sont des plus délicats à manger, soit écossés frais, soit en sec, et tout à fait supérieurs à la plupart des variétés connues.

| | | Fr. c. |
|---|---|---|
| HARICOT RIZ, *Phaseolus sphæricus*; D. C. | les 500 gram. | 2 00 |
| IGNAME, de la Chine, *Dioscorea Batatas* D[ne] | les 5 gram. | 1 00 |
| MELON, *Cucumis Melo*. | | |
| Melon ananas | le paquet. | 0 25 |
| — boulet de canon, chair verte | id. | 0 25 |
| — — — jaune | id. | 0 25 |
| — de Smyrne | id. | 0 25 |
| — ovale d'Amérique | id. | 0 25 |
| — d'Espagne, chair blanche | id. | 0 25 |
| — — d'hiver | id | 0 25 |
| — de Malte | id. | 0 25 |
| — de Cavaillon | id. | 0 25 |
| — du Malabar, *Cucumis melanosperma* | id. | 0 25 |
| PASTÈQUE, *Cucumis Citrullus*. | | |
| Pastèque allongée de Virginie | le paquet. | 0 25 |
| — à chair blanche | id. | 0 25 |
| — — jaune | id. | 0 25 |
| — musquée de Chine | id. | 0 25 |
| — grosse de Chine | id. | 0 25 |

## GRAINES ET PLANTES ÉCONOMIQUES.

### 1° OLÉAGINEUSES

| | | Fr. c. |
|---|---|---|
| ARACHIDE, ordinaire, *Arachis hypogea* | les 500 gram. | 0 75 |
| — du Brésil, *A. macrocarpa* | id. | 0 75 |
| CAMELINE *Myagrum sativum* | id. | 0 25 |
| MADIE du Chili, *Madia sativa* | id. | 1 00 |
| MOUTARDE blanche, *Sinapis alba* | id. | 1 00 |
| PAVOT blanc à opium, *à tête plate* | id. | 0 30 |
| — du Bengale, à opium | id. | 0 30 |
| — pourpre, à opium | id. | 0 30 |

Le Pavot blanc, à tête plate, a donné 205 grammes d'opium par are, soit 20 kilogrammes 500 grammes par hectare.

Le Pavot à fleurs pourpres, 120 grammes par are, soit 12 kilogrammes à l'hectare.

Le Pavot du Bengale, 130 grammes par arc, soit 13 kilogrammes à l'hectare.

D'où il résulte que c'est le Pavot blanc à tête

plate qui donne le plus d'opium et qui est le plus avantageux à exploiter sous tous les rapports, car ses capsules très grosses et peu nombreuses ne nécessitent pas des incisions aussi multipliées.

Le prix de l'opium s'est beaucoup élevé depuis quelque temps et rien ne fait prévoir que ce prix doive baisser de sitôt. Il vaut de 60 à 70 francs le kilogramme ; à ce taux, l'Algérie devrait en produire avec profit.

| | | Fr. c. |
|---|---|---|
| RADIS oléifère de la Chine, *Raphanus oleïferus*... | les 500 gram. | 0 30 |
| RICIN commun, *Ricinus communis*.................. | .... id....... | 0 30 |
| — grand d'Amérique, *R. americanus*.......... | .... id....... | 0 30 |
| — de Chine, *R. sinense*...................... | .... id....... | 0 50 |
| — livides, *R. lividus*........................ | .... id....... | 0 50 |
| — à capsules intermes, *R. inermis*............ | .... id....... | 0 50 |
| — remarquable, *R. spectabilis*................ | .... id....... | 0 50 |
| SÉSAME de la Chine à graines blanches, *Sesamum sinense*.................................. | .... id....... | 0 50 |
| — d'Orient, *S. orientale*..................... | .... id....... | 0 50 |
| TOURNESOL, *Helianthus annuus*, LIN............. | .... id....... | 0 30 |

## 2° TEXTILES.

| | | |
|---|---|---|
| CHANVRE géant de la Chine ...................... | .... id....... | 1 00 |
| CORÊTE texile, *Corchorus textilis*................ | les 125 gram. | 0 50 |
| COTON Géorgie longue-soie........................ | les 500 gram. | 0 50 |
| — courte-soie, Castellamarre blanc.......... | .... id....... | 0 50 |
| — — Louisiane blanc.............. | les 500 gram. | 0 50 |
| — — Louisiane long............... | .... id....... | 0 50 |
| — — pur Mexicain................. | ... id ...... | 0 50 |
| — — L'Ioids prolific............... | .... id....... | 0 50 |
| — — du Mississipi................. | .... id....... | 0 50 |
| — — Mexicain du petit Golfe...... | .... id ...... | 0 50 |
| — — de Monteray.................. | .... id....... | 0 50 |
| — — d'Ivice....................... | .... id....... | 0 50 |
| — — Bunchs cotton. ............... | .... id....... | 0 50 |
| — — de la Nouvelle-Orléans....... | .... id....... | 0 50 |
| — — déan New-York.............. | .... id... .... | 0 50 |
| — — déan Texas.................. | .... id....... | 0 50 |
| — — déan from Georgia........... | .... id....... | 0 50 |
| — — Kiang-nan, Chine............ | .... id ...... | 0 50 |
| — — nankin de la Chine........... | .... id....... | 0 50 |
| — — nankin de Malte............. | .... id....... | 0 50 |
| MAUVE textile, *Abutilon indicum*................ | les 125 gram. | 0 50 |
| BOEHMERIA candicans, *Ortie des Moluques*....... | les 10 gram. | 1 00 |
| — nivea, *Ortie blanche de Chine*........ | .... id....... | 1 00 |

Ces deux plantes donnent la fameuse filasse de Chine, connue sous le nom de *China-grass*.

### 3° CÉRÉALES.

| | | Fr. c. |
|---|---|---|
| MILLET d'Italie, *Panicum Italicum* | les 500 gram. | 0 50 |
| — dressé, *P. erigonum* | .... id....... | 0 50 |
| — de Perse, *P. Persicum* | .... id....... | 0 50 |
| — à gros épis, *P. macrostachyum* | .... id....... | 0 50 |
| — intermédiaire, *P. intermedium* | .... id....... | 0 50 |
| — piquant, *P. echinatum* | .... id....... | 0 50 |
| — à grappe, blanc, *P. miliaceum album* | .... id....... | 0 50 |
| — à grappe, noir, *P. miliaceum nigrum* | .... id....... | 0 50 |
| MOHA de Hongrie, très-productif, *Panicum Germanicum* | .... id....... | 0 50 |
| RIZ de la Chine, sans barbes | .... id....... | 0 50 |
| — sec de la Chine, barbu | .... id....... | 0 50 |
| Quoi qu'on ait dit, ces prétendus riz secs ne réussissent qu'à la condition d'être fortement irrigués. | | |
| SETARIA *Pekinensis*, Duch., millet brun de Pékin. | les 250 gram. | 0 50 |
| SORGHO, millet à balais, *Sorghum scoparium* | les 500 gram. | 0 50 |
| — à sucre de la Chine, *S. saccharatum* | .... id....... | 0 50 |
| — — de l'Afrique australe, *S. Imphy* | .... id....... | 0 50 |

### 4° TINCTORIALES.

| | | |
|---|---|---|
| CARTHAMUS tinctorius, *Carthame des teinturiers*. | les 500 gram. | 1 00 |
| GAUDE | les 125 gram. | 0 40 |
| INDIGO franc, anil, émarginé | .... id....... | 0 60 |

### 5° DIVERSES.

| | | |
|---|---|---|
| ANIS vert, *Pimpinella anisum* | les 125 gram. | 0 50 |
| CHOU cavalier, *Brassica campestris* | .... id. ..... | 0 50 |
| CORIANDRE, coriandrum sativum | les 500 gram. | 1 00 |
| FENU-GREC, Sénégrain, Trigonella, *Fenum-græcum* | .... id. ..... | 0 50 |
| PYRÈTHRE du Caucase. *Pyrethrum Wilmotii D*... | les 30 gram. | 0 50 |
| Cette plante, étant sèche, a la propriété de tuer ou d'éloigner les insectes, principalement ceux qui tourmentent l'homme. Avec ses fleurs pulvérisées on fait la poudre *insecticide*. Au Caucase et dans d'autres contrées asiatiques, on se borne à mettre des poignées de la plante sèche dans les objets de couchage et on obtient un bon résultat, paraît-il, de ce procédé très-simple. | | |
| SENONGE, Nigelle cultivée, *Nigella sativa* | les 500 gram. | 1 00 |

| | | Fr. c. |
|---|---|---|
| TABAC Chebli | les 30 gram. | 0 50 |
| — de l'Urugay | id. | 0 50 |
| — de Maryland | id. | 0 50 |
| — de la Havane | id. | 0 50 |
| — de Crimée | id. | 0 50 |
| — de Saint-Dominique | id. | 0 50 |
| — de Lataquieh | id. | 0 50 |
| — de la Chine | id. | 0 50 |
| — de Hongrie | id. | 0 50 |
| — de Manheim | id. | 0 50 |
| — du Palatinat | id. | 0 50 |
| — de la Havane, cultivé à Java, M. KLEIN | id. | 0 50 |
| — de Manille, cultivé à Java, M. KLEIN | id. | 0 50 |
| — Philippin | id. | 0 50 |
| — du Népaul | id. | 0 50 |
| — de Virginie | id. | 0 50 |
| — à très-grandes feuilles | id. | 0 50 |
| — odorant | id. | 0 50 |
| BROME DE SCHRADER, *Bromus Schraderi* | les 100 gram. | 1 50 |

Nouveau fourrage graminé, recommandé en Europe comme devant parfaitement résister à la sécheresse. Il est encore difficile de juger de sa valeur réelle sous le climat de l'Algérie. Cependant, on peut dire dès à présent qu'il ne donnera, sous le climat Algérien, une végétation soutenue, pendant l'été, qu'à la condition d'être placé dans un terrain naturellement frais ou irrigué. En outre, il parait devoir ne donner qu'un fourrage grossier, semblable à celui de nos graminées qui croissent naturellement dans les lieux bas. Quoiqu'il en soit, ce Brôme rendra probablement de grands services pour la nourriture de l'espèce Bovine.

## GRAINES DE PLANTES OFFICINALES

A 25 CENTIMES LE PAQUET.

ALTHÆA officinalis, *Guimauve*.
ANETHUM fœniculum, *Fenouil*.
ANTHEMIS cotula.
ARCTIUM Lappa, *Bardane*.
BORRAGO officinalis, *Bourrache*.
CALEGA officinalis, *Galége, rue de Chèvre*.
CALENDULA officinalis, *Souci des champs*.
CORIANDRUM sativum, *Coriande*.
CUCUMIS colocinthis, *Coloquinte amère*.
DATURA stramonium, *Stramoine, pomme épineuse*.
HYSSOPUS officinalis, *Hyssope*.
HYOSCIAMUS niger, *Jusquiame noir*.
LAVENDULA vera, *Lavande vraie*.
MATRICARIA parthenium, *Matricaire*.

MELISSA officinalis, *Mélisse.*
ORIGANUM majorana, *Marjolaine.*
PHYSALIS somniferum.
PIMPINELLA anisum, *Anis vert.*
RUMEX patientia, *Oseille patience.*
— sanguinea, sanguine, *Sang-Dragon.*
TRIGONELLA fenum-græcum, *Fenu-Grec.*

## GRAINES DE FLEURS D'AGRÉMENT ET DE FLEURS POUR PARTERRES

A 25 CENTIMES LE PAQUET.

AGERATUM cœruleum, *Agérate à fleur bleue.*
— nanum, *Agérate naine.*
AGROSTEMMA cœli-rosa, H. P. *Agrostemme rose du ciel,* Algérie.
— coronaria, LIN.. *Coquelourde couronnée,* Italie.
AMARANTHUS caudatus, LIN., *Amaranthe à queue,* Inde.
— eburneus, Chine.
— sanguineus, LIN., *A. sanguine,* Inde.
— speciosus, KER., Népaul.
— tricolor, LIN., *A. à trois couleurs,* Chine.
— mélancholicus, LIN.
AMBLYOLEPIS setigera. D. C., Mexique.
AMMOBIUN alatum, R. BR., Nouvelle-Hollande.
ANTHIRRINUM majus, varié, *Muflier major.*
ARGEMONE grandiflora, BOT. REG., *Argémone à grande fleur.* Mexique.
— Mexicana, *A. du Mexique.*
ASCLEPIAS Curassavica, LIN., *Asclépiade de Curaçao,* Antilles.
— Mexicana, CAV., *Asclépiade du Mexique.*
ASTER sinensis, LIN., varié, *Reine-Marguerite, variée.*
BARKAUSIA rubra, LIN., *Barkausie rouge.* Italie.
BRACHICOME iberidifolia, BENTH., Australie.
BROWALLIA viscosa, H. B., Amérique australe.
— Czerwiakowski.
CALENDULA hortensis, LIN., *Souci des jardins à fleurs doubles,* Europe.
CAMPANULA medium, LIN., fl. albo et cæruleo, *Campanule violette marine,* Europe.
CELOSIA cristata, LIN., *Amaranthe crête de coq.*
CENTAUREA Americana, NUTT., *Centaurée d'Amérique.*
— amberboi, LAM., *C. odorante du Levant.*
— moschata, LIN., *C. musquée du Levant.*
CHEIRANTHUS annuus, *Giroflée quarantaine.*
— cheiri, *G. des murs.*
— Græcus, *G. Grecque.*
— maritimus, *G. ou Julienne de Mahon.*
CINERARIA maritima, LIN., *Cineraire blanche.*
CLARKIA elegans, DOUGL., Californie.
CLEOME trachysperma.

COLLINSIA bicolor, NUTT., Californie.
CONVOLVULUS tricolor, LIN., *Belle de jour*, Europe, Algérie.
COREOPSIS Drummundi, AFR., *Coriope de Drummond*, Texas.
— tinctoria, NUTT., *C. tinctoriale*.
— — elegans, *C. tinctoriale*.
— atkinsoniana.
COSMIDIUM filiforme, TOR., Texas.
— Burridgeanum, Texas.
COSMOS bipinnata, CAV., Mexique.
— atropurpurea, HORT.
CRANIOLARIA fragrans, DORE., Mexique.
CUPHOEA purpurea.
— silenoïdes, NÉES., Mexique.
DATURA ceratocaula, JACQ., Cuba.
— fastuosa alba, LIN., Égypte.
— — atroviolacea.
— — Huberiana.
— — violacea, LIN., Égypte.
— humilis, fleurs doubles, jaune.
— meteloïdes, D. C., Texas.
DELPHINIUM consolida, LIN., *Pied d'allouette des blés*.
DIANTHUS barbatus, LIN., *Œillet de Poëte*.
— sinensis, LIN., *Œ. de la Chine*.
ECHIUM candicans, LIN., *Vipérine des Canaries*.
EMILIA sagittata, D. C., Moluques.
ERISYMUM Arkansanum.
— Petrowskianum, FISCH., Caucase.
ESCHOLTZIA Californica, CHAM., Californie.
GAILLARDIA rustica, D. C., Mexique.
— Drummondii, D. C., Mexique.
GAURA lindheimeriana, ENG., Texas.
GILIA capitata, DOUG., *Gilie à tête*, Californie.
— tricolor, B., *G. à trois couleurs*, Californie.
GOMPHRENA globusa, LIN., *Amaranthoïde globuleuse*, Inde.
— — *A. à fleurs panachées*.
GYNANDROPSIS grandiflora, Amérique du Sud.
GYPSOPHYLLA elegans. BIEB., Caucase.
HEDYSARUM coronarium., LIN., *Sainfoin couronné*, Algérie.
HELIANTHUS argophyllus.
— Californicus
— nanus, double, *Hélianthe, soleil noir double*, Pérou.
— giganteus, LIN., *Hélianthe gigantesque*, Texas.
HIBISCUS spicatus, *M. à épis*, CAV.
— diversifolius, JACQ., *M. à feuilles diverses*, Inde.
HUNNEMANIA fumariæfolia, SWEET., Mexique.
IBERIS umbelleta, LIN., *Teraspic à ombelle, blanc et violet*.
— formosa, HORT.
IMPATIENS balsamina, LIN., *Balsamine*, 12 variétés de 1er choix.

IPOMOPSIS elegans, Mich., Caroline.
KITAIBELIA vitifolia, Willd., Hongrie.
LINARIA bipartita, Vv., *Linaire à fleurs d'orchis*, du Maroc.
LINUM grandiflorum, Desf, *Lin à grandes fleurs*, Algérie.
LOBELIA erinus, Lin., Cap de Bonne-Espérance.
— erinus, decumbens.
— — Paxtonii.
LUPINUS Hartwegii, R. B., Mexique.
MALOPE grandiflora, Hort., *Malope à grandes fleurs*, Afrique.
MALVA crispa, Lin., *Mauve à feuilles crispées*. Autriche.
— mauritiana Lin., Afrique boréale.
MARTYNIA proboscidea, Hort., Louisiane.
— lutea, Lindl., *L. jaune*.
MESEMBRIANTHEMUM cristallinum, Lin., *Ficoïde glaciale*, Canaries.
MIMOSA pudica, Lin *Sensitive*, Antilles.
NEMOPHILA insignis, Doulg., *Némophile remarquable*, Californie.
NIGELLA Damascena, Lin., *Nigelle de Damas*, *Cheveux de Vénus*.
— nana, *N. de Damas naine*.
— Hispanica, Lin., *Nigelle d'Espagne*.
— Bourgei.
NICANDRA physaloïdes, Gaert., Pérou.
OROBUS atropurpureus, Desf., Algérie.
ŒNOTHERA biennis, Lin., *Œ. bisannuel*, Amérique septentrionale.
— odorata, Jacq., *OE odorante*, Patagonie.
PALAFOXIA texana.
PETUNIA hybrida, Hort.
PENTSTEMON campanulatus, variés, Willd.
PAPAVER rheas, Lin., *Pavot coquelicot*, varié.
— somniferum hortense, Hort., *P. des jardins*, varié.
PENTAPETES Phœnicea, Lin., Inde.
PERILLA Nankinensis, Dne., *Chine*.
PHALAIREA cœlestina.
PHLOX Drumondii, Hort., du Texas, phlox de Drumond, varié.
POLYGONUM albnm, *Renouée à fleurs blanches*.
— orientale, Lin., *Renouée orientale*, du Levant.
PRISMATOCARPUS speculum, D. C., *Campanule miroir de Vénus*. Europe.
PORTULACCA Thelussoni, Hort.
— grandiflora, Lindl., Amérique méridionale, *Pourpier à grandes fleurs variées*.
RESEDA odorata, Lin., *Réséda odorant*.
RUDBECKIA amplexicaulis, Walh., du Mexique.
— hirta, Lin., Amérique septentrionale.
SCABIOSA atropurpurea, Lin., *Scabieuse, fleurs de veuves*, Inde.
SCHIZANTHUS pinnatus, *Schizanthe à feuilles pennées*, Chili.
SILENE armeria, Lin.
STATICE Bonduelli, Hort.
— densiflora, Juss., Sicile.
— Fortunei, Lindl. Chine.

STATICE latifolia, SMITH., Tauride.
— macrophylla, WILLD., Canaries.
— pubescens, D. C., Espagne.
— sinuata, LIN., Asie Mineure.
— spatulata, DESF., Crête.
TAGETES erecta, *rose d'Inde*.
— patula, *œillet d'Inde*.
TITHONIA tagetiflora, *Tithonie à fleurs de tagètes*.
TROPOEOLUM minus, varié.
VINCA alba, LIN., *Pervenche blanche*.
— rosea, LIN., *Pervenche rose*.
XERANTHEMUM cylindricum, SPR., Asie mineure.
ZINNA elegans, JACQ., *Zinnie élégante variée*, Mexique.
— — double.

#### GRIMPANTES, VOLUBILES.

CARDIOSPERNUM halicacabum, LIN., *Corinde*, Inde.
CLITORIA ternatea, LIN., Inde.
— — fleur blanche.
— — bleu tendre.
— — bleu foncé.
CONVOLVULUS Babylonicus, TEN., Syrie.
CUCUMIS Dudaim, LIN., Inde.
CUCURBITA aurantia et var.
CYCLANTHERA pedata, SCHRAD., Mexique.
IPOMEA Bona-nox, LIN., Nouvelle-Espagne.
— Hardengii, HORT.
— Learii, HOOK., Mexique.
— purpurea, LAMK.
— Sellowii, PENNY.
LAGENARIA, 8 variétés.
LATHYRUS latifolius, LIN., Europe.
— odoratus, LIN., *Pois de senteur*.
— tingitanus, LIN., *Gesse de Tanger*.
LOASA lateritia, GILL., Chili.
LABLAB vulgaris, SAVI., Inde.
— — niger.
— — purpureus.
— — albiflorus.
LUFA acutangula, SERING., Inde, Pépangaille.
— cylindrica, *plante à torchon*.
— fætida, CAV., Inde.
MOMORDICA balsamina, LIN., Inde.
— charantia, LIN., Inde, Margose.
PHARBITIS hispida, CHOIS., *Volubilis*, Amérique du Sud.
— limbata, LINDL., Java, Japon.
PHASEOLUS coccineus, LIN.. Inde.
QUAMOCLIT coccineus, MOENCH., Caroline.

QUAMOCLIT vulgaris, CHOIS., Inde.
RIVEA Bona-nox, CHOIS., Bengale.
TAGELIA bituminosa.
THUNBERGIA alata, B. MAG., Bengale.
TROPÆOLUM majus, varié.
— lobbianum, H. Mexique.
TRICOSANTHES colubrina, JACQ., Amér. équatoriale, *herbe aux serpents.*
— anguina, LIN., Chine, *herbe aux anguilles.*

On livrera un choix de cent espèces de plantes annuelles d'agrément, en cent paquets, pour 20 francs.

# ZOOTECHNIE

1° **AUTRUCHES**, *Struthio camelus.*

Sujets adultes, âgés de 3 à 4 ans, nés dans l'établissement.

| | | | |
|---|---|---|---|
| — | mâles........................ | la pièce. | 600 fr. |
| — | femelles........................ | .. id... | 500 |
| | | la paire... | 1,000 |

La valeur des cages n'est pas comprise dans ces prix.

Fr. c.

2° **POISSONS ROUGES**, Cyprins dorés, *Cyprinus auratus*.............................. la pièce. 0 15

3° **COCHENILLES-MÈRES**, *Coccus domestica*, à livrer à partir du mois de juin.......... . le kilog. 15 00

4° **VER-A-SOIE** de l'Ailante, *Bombix cynthia*, à livrer en mai, juin.

5° — du ricin, *B. Arrindia.*

Hamma, le 28 septembre 1865.

*Le Directeur*
*du Jardin d'acclimatation,*
A HARDY,

VU ET APPROUVÉ :
Alger, le 5 octobre 1865.
*Le Maréchal de France, Gouverneur général de l'Algérie,*
Mal DE MAC-MAHON.

# INDEX



## VÉGÉTAUX

## FRUITS DIVERS



## GRAINES



## ZOOTECHNIE





Alger. — Typ. BASTIDE.

Alger. — Typ. Bastide.

www.ingramcontent.com/pod-product-compliance
Ingram Content Group UK Ltd.
Pitfield, Milton Keynes, MK11 3LW, UK
UKHW021056200726
13857UKWH00003B/954

9 782012 945791